BEI GRIN MACHT SICH IHR WISSEN BEZAHLT

- Wir veröffentlichen Ihre Hausarbeit, Bachelor- und Masterarbeit

- Ihr eigenes eBook und Buch - weltweit in allen wichtigen Shops

- Verdienen Sie an jedem Verkauf

Jetzt bei www.GRIN.com hochladen und kostenlos publizieren

Andreas Blassnig

Visualisierung von Laserscanner-Daten mit den MFC

GRIN Verlag

Bibliografische Information der Deutschen Nationalbibliothek:

Die Deutsche Bibliothek verzeichnet diese Publikation in der Deutschen National-
bibliografie; detaillierte bibliografische Daten sind im Internet über http://dnb.d-
nb.de/ abrufbar.

Impressum:

Copyright © 2009 GRIN Verlag GmbH
Druck und Bindung: Books on Demand GmbH, Norderstedt Germany
ISBN: 978-3-640-30720-3

Dieses Buch bei GRIN:

http://www.grin.com/de/e-book/125383/visualisierung-von-laserscanner-daten-mit-
den-mfc

Visualisierung von Laserscanner-Daten mit den MFC

Bachelorarbeit

Fachhochschule Kärnten
Studiengang Elektronik

Andreas Blassnig

Villach, Oktober 2008 - Jänner 2009

$\mathrm{T\!_{E}\!X}$ Version 3.1415926 $\mathrm{L\!^{A}\!T\!_{E}\!X}\,2_{\varepsilon}$

Kurzfassung

Deutsche Kurzfassung

Die vorliegende Arbeit befasst sich mit dem Auslesen der Daten eines Sick LMS 300 Laserscanners, der Auswertung, der Speicherung und schließlich ihrer Visualisierung anhand zweier Microsoft Foundation Classes (MFC)-Anwendungen. Die Arbeit beinhaltet Informationen zur Konfiguration des Scanners, beschreibt die RS-232 und RS-422 Schnittstellen und zeigt dabei eine Möglichkeit diese miteinander zu vereinbaren. Weiters wird neben der Verarbeitung der Daten auf die MFC-Programmierung und die Möglichkeiten der Visualisierung die dadurch zur Verfügung stehen, eingegangen.

Summary

This paper deals with the readout of the data of a Sick LMS 300 laserscanner, the analysis of the data, the storage and finally the visualization on the basis of two MFC-applications. The work includes information about the configuration of the scanner, describes the RS-232 and the RS-422 interfaces, and shows a possibility to interlink the two interfaces. Furthermore, the work outlines the data processing and provides information about MFC-programming and the thus available possibilities of visualization.

Inhaltsverzeichnis

Abbildungsverzeichnis

Listings

Abkürzungsverzeichnis

Vorwort

Ziel dieser Arbeit ist es, die abstrakten Daten eines Laserscanners in eine graphische bzw. visuell erfassbare Form zu bringen.

Der Laserscanner der Firma Sick ist ein optischer Sensor, der seine Umgebung mit infraroten Laserstrahlen zweidimensional abtastet. Der S300 arbeitet nach dem Prinzip der Lichtlaufzeitmessung in einem Scanbereich von 270° (siehe Abbildung 1.1) und einer Winkelauflösung von 0,5° [Betr]. Im Projekt Artificial Intelligence Concept Car (AICC) dient der Laserscanner, neben der Notstopfunktion, die durch zwei Schaltausgänge des Scanners realisiert ist, zur Umfelderkennung und ist somit eine Grundlage zur Erreichung des primären Zieles des Projektes AICC, autonomes Fahren zu realisieren.

Die Informationsvisualisierung soll eine effektive Darstellung der Datenmuster und der darin enthaltenen Informationen ermöglichen. Das dadurch entstehende 2D-Abbild der Umgebung des Autos dient dem Zweck der Visualisierung der abstrakten Daten und soll dem Menschen und/oder dem Programmierer die Interpretation der Daten erleichtern.

1 Aufgabenstellung

Die Problemstellung besteht darin, die Daten des Laserscanners *auszulesen, auszuwerten*, zu *speichern* und zu *visualisieren*.

Der Scanner verfügt über eine RS-422 Schnittstelle um die Datensätze direkt auszulesen. Es musste eine Möglichkeit gefunden werden die Daten über eine RS-232 Schnittstelle einzulesen, da nur diese am verwendeten Industrie-PC (IPC) vorhanden ist (siehe Kapitel 2.3.1.2, S. 13).

Den gelieferten Abstandswerten des Scanners (der Scanbereich ist in Abbildung 1.1 ersichtlich) musste je nach Index ein entsprechender Winkel zugeordnet werden um die Daten in Form von Polarkoordinaten zur Verfügung zu haben. Diese können dann in das Kartesische Koordinatensystem umgerechnet werden (siehe Kapitel 2.4.2, S. 17). Die kartesischen Koordinaten werden unter anderem zur graphischen Ausgabe, der Visualisierung der Daten benötigt.

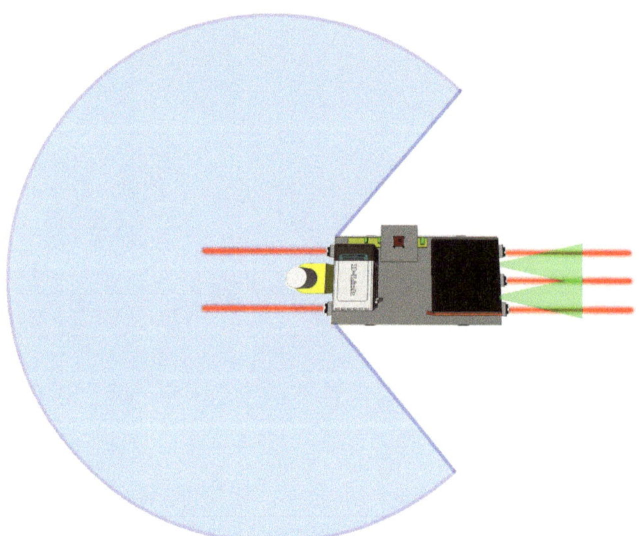

Abbildung 1.1: Scanbereich des Laserscanners

Um die Daten nicht nur momentan zur Verfügung zu haben musste eine Möglichkeit gefunden werden die einzelnen Datensätze zu speichern um sie zur nachträglichen Verarbeitung, Visualisierung und Analyse wieder abrufen zu können (siehe Kapitel 2.4.3, S. 19).

Aufgrund der Tatsache, dass der Mensch visuelle Inhalte einfacher aufnehmen kann, als abstrakte, musste eine Möglichkeit gefunden werden die Datensätze zu visualisieren um ein 2D-Abbild der Umgebung aus Sicht des Autos zu erhalten (siehe Abbildung 1.2).

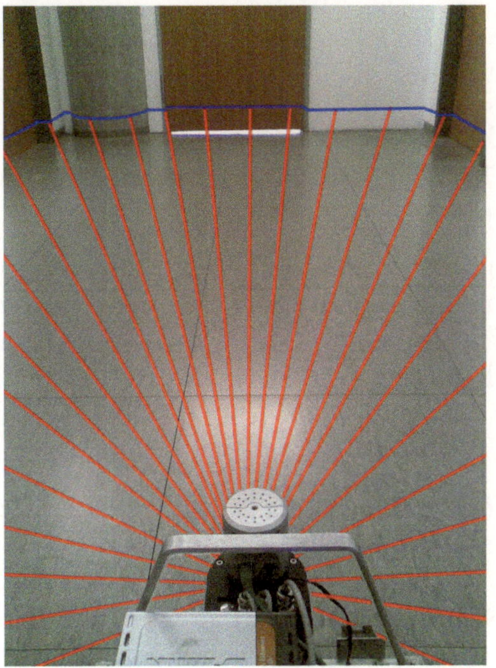

Abbildung 1.2: Schematische Darstellung des Scanvorganges

Die automatisierte Auswertung und Visualisierung größerer Datenmengen durch graphische Benutzeroberflächen (siehe Kapitel 2.5.3, S. 34) erleichtert die Untersuchung und Interpretation der Daten [Bed].

2 Umsetzung

2.1 Vorgangsweise

Es bestehen zwei Möglichkeiten die Daten des Scanners zu erfassen bzw. anzufordern. Der Scanner muss vorher auf die gewünschte Betriebsart konfiguriert werden.

- Die erste Möglichkeit ist der **Request Mode** (siehe Kapitel 2.3.2, S. 14), in dem die Messdaten durch den Hostrechner angefordert werden können. In diesem Modus werden die einzeln angeforderten Datensätze über die RS232-Schnittstelle in den Rechner eingelesen und entweder sofort, oder nach Umrechnung der Daten in kartesische Koordinaten, in einem File auf der Festplatte abgelegt.

- Die zweite Möglichkeit besteht darin, den Scanner auf **kontinuierliche Datenausgabe** (siehe Kapitel 2.3.3, S. 15) zu konfigurieren. Dabei erfolgt die Ausgabe der Messdaten automatisch und kontinuierlich. Eine Speicherung der Daten wird in diesem Fall nicht vorgenommen. Jeder fertig empfangene Datensatz wird sofort in kartesische Koordinaten umgerechnet, die zur leichteren Darstellung in der, mithilfe der MFC erstellten, graphischen Oberfläche benötigt werden. Im Hintergrund wird bereits der nächste Datensatz eingelesen.

Ein Datensatz besteht aus 541 Abtastwerten, denen je ein Winkel zugeordnet werden kann. Die einzelnen Polarkoordinaten werden in einem MFC-Programm in kartesische Koordinaten umgerechnet, um die Darstellung in einer FormView-Oberfläche der MFC zu erleichtern.

2.2 Konfiguration des Scanners

Der Laserscanner wird mit Hilfe der Configuration Device Software (CDS) konfiguriert. Zur Konfiguration und Diagnose wird der Personal Computer

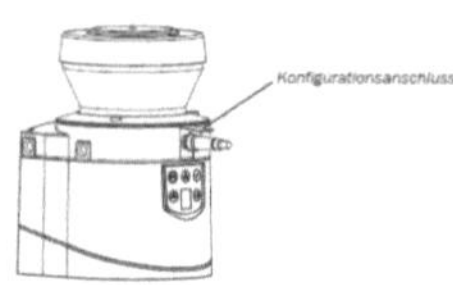

Abbildung 2.1: Konfigurationsanschluss[Betr]

(PC) am Konfigurationsanschluss (siehe Abbildung 2.1) des Scanners angeschlossen.

2.2.1 Konfigurieren der Schutz- und Warnfelder

Der Feldsatz besteht aus einem *Schutzfeld* (siehe Abbildung 2.2 ①) und einem *Warnfeld* (siehe Abbildung 2.2 ②). Mithilfe der CDS können Form

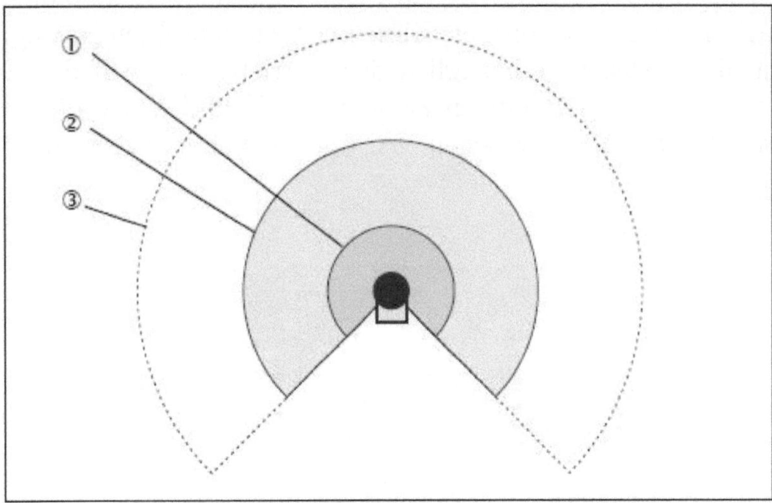

Abbildung 2.2: Feldsatz bestehend aus Schutz- und Warnfeld [Betr]

und Größe von Schutz- und Warnfeld konfiguriert werden. Dabei sind verschiedene Feldformen realisierbar. Die beiden Feldsätze dienen im Projekt AICC zur Realisierung der Notstop-Funktion des Autos. Der Laserscanner wird durch Infrarot-Sensoren unterstützt, um Blindbereiche des Scanners, wie zum Beispiel Treppen, abzudecken. Der Laserscanner besitzt für beide Felder entsprechende Schaltausgänge. Wird ein Objekt im entsprechenden Feld dedektiert, wechselt der Ausgangspegel auf LOW. Durch Auswertung der Pegel wird im Fall „Objekt im Warnfeld" die Geschwindigkeit des Autos automatisch verringert. Im Falle „Objekt im Schutzfeld" wird der sofortige Notstop eingeleitet.

2.3 Auslesen der Daten

Der Laserscanner der Firma Sick ermöglicht ein Auslesen der Scandaten direkt über die implementierte RS-422 Schnittstelle nach dem Electronic Industries Alliance (EIA) RS-422-A Standard.

2.3.1 Schnittstelle RS-422 und RS-232

Die RS-422 Schnittstelle findet nicht zuletzt aufgrund der hohen Datenraten, der möglichen Leitungslänge und der störungsarmen Übertragung vielfache Anwendung in der Industrie. In Standard-Rechnern ist die Schnittstelle nicht ausgeführt. Aus diesem Grund musste eine Möglichkeit gefunden werden die Daten auszulesen (siehe Abschnitt 2.3.1.2).

2.3.1.1 Elektrische Eigenschaften

Die Übertragung der immer noch sehr weit verbreiteten **RS-232 Schnittstelle** wird als „bipolar" bezeichnet. Die Pegel des Senders dürfen maximal ±15V betragen (siehe Abbildung 2.3). Den logischen Pegeln 0 oder 1 werden elektrische Pegel zugeordnet. Diese besitzen denselben Betrag, jedoch unterschiedliche Polarität bezüglich der Betriebserde. Auf der Empfängerseite werden alle Spannungen zwischen +3V und +15V der logischen NULL, alle Spannungen zwischen -3V und -15V der logischen EINS zugeordnet.

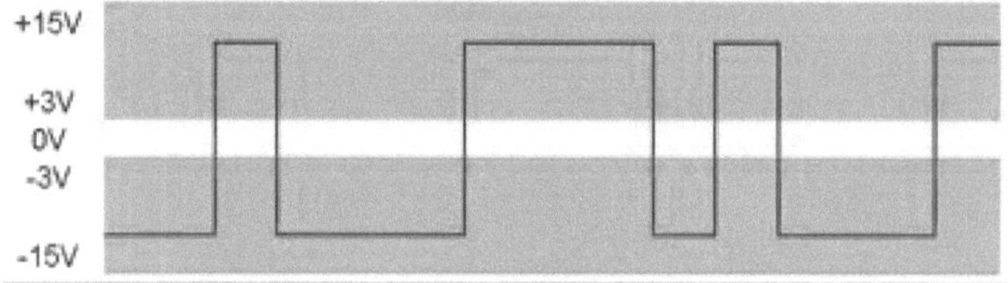

Abbildung 2.3: Spannungspegel RS-232 [Schum]

Die Hochohmigkeit der Ausgangspegel (größer als 3kΩ) schützt die Bausteine bei Schaltungsfehlern zwar vor Zerstörung, schränkt jedoch die Übertragungsentfernung und die Übertragungsgeschwindigkeit stark ein. Die nach der Norm RS-232-C maximale Leitungslänge von 15m muß je nach Rahmenbedingung angepasst werden. Elektromagnetische Einflüsse können die hochohmigen Signale schon bei geringen Störleistungen negativ beeinflussen. Zudem verursachen die Leitungskapazitäten mit den hohen Innenwiderständen große Zeitkonstanten. Dadurch können die Pegel der Kapazitäten nur langsam auf die andere Polarität umgeladen werden.

Die „symmetrische" Spannungsdifferenz-Übertragung der **RS-422 Schnittstelle** ermöglicht eine störungsarme, serielle Datenübertragung über lange Distanzen (500m - 2km). Eine Reihe von sich inhaltlich deckenden Normen, wie zum Beispiel die EIA RS-422, beschreiben die elektrischen Eigenschaften der Schnittstelle. Sie wird als „erdsymmetrische Doppelstrom-Schnittstellenleitung für Punkt-zu-Punktverbindungen" beschrieben. Einsetzbar ist die RS-422 bei Entfernungen bis 1km und darüber und hat eine typische Datenrate von bis zu einigen Mbit/s. Der Sender überträgt Gegentaktsignale und der Empfänger wertet nur die Potentialdifferenzen der Signalleitungen aus. Dadurch wird die Pegelerkennung vom eigentlichen Potenzial unabhängig. Der logische Zustand wird durch das Vorzeichen der Potentialdifferenz am Empfänger bestimmt. U≥0,3V wird logisch NULL (Space), und U≤-0,3V logisch EINS (Mark) zugeordnet. Der Betrag der Spannungsdifferenz soll symmetrisch, also für 0 und 1 gleich sein. Störspannungen, wie zum Beispiel elektromagnetische Strahlung oder Impulsübersprechen zwischen Kommunikationsleitungen (crosstalk), wirken

meist auf beide Datenleitungen gleichzeitig. Somit verursachen die Störungen zwar eine Anhebung oder Absenkung der Spannungen der Adern gegenüber dem Erdpotential, die Spannungsdifferenz wird jedoch nicht beeinflusst.
Für weitere Details zu der RS-232 und der RS-422 Schnittstelle wird auf [Schum] und [Com] verwiesen.

2.3.1.2 RS-422 auf RS-232

Im Projekt AICC werden die Daten des SICK LMS300 Laserscanners direkt über die serielle RS-232 Schnittstelle in den PC eingelesen, da keine RS-422 Schnittstelle zur Verfügung steht. Dies ist aufgrund der Tatsache möglich, dass der Datenrahmen der RS-232 und der RS-422 identisch sind. Weiters steht in der Windows-DCB-Struktur, definiert in der Header-Datei winbase.h, sowie für die Datenausgabe des Sensors eine übereinstimmende Baudrate von 115200 (bits per second) zur Verfügung. Die unterschiedlichen elektrischen Eigenschaften der Schnittstellen lassen sich miteinander vereinbaren indem man die Masseleitung der RS-422 mit der Masseleitung der RS-232 und die Leitung Tx- der RS-422 mit der Leitung Rx der RS-232 verbindet. Laut Datenblatt des Laserscanners (siehe [Betr]) liefert die Leitung Tx- eine maximale Spannung von ±5 Volt. Da die RS-232 Schnittstelle die logischen Pegel ab einer Eingangsspannung von ±3 Volt korrekt zuordnen kann, ist diese Variante die beiden Schnittstellen miteinander zu vereinbaren eine akzeptable Lösung.

Listing 2.1: SetCommState

```
1  DCB dcb;
2  GetCommState(COM1, &dcb); // Get the current COM1 settings
3  //----------------------------------------------------------------
4  dcb.BaudRate = CBR_115200; // 115200 bits per second
5  dcb.ByteSize = 8; // 8 bit per byte
6  dcb.Parity = NOPARITY; // NO parity
7  dcb.StopBits = ONESTOPBIT; // 1 stop bit
8  //----------------------------------------------------------------
9  SetCommState(COM1, &dcb); // Set COM1 settings
```

Die weiteren Component Object Model (COM)-Einstellungen sind in Listing 2.1 zu sehen. Damit ist die Kompatibilität zum Datenformat des Lasersensors sichergestellt, da sich laut [Tele] ein Datenbyte aus einem Startbit, 8 Datenbits, einem Stopbit und keinem Paritätsbit zusammensetzt. Es besteht natürlich auch die Möglichkeit der Verwendung eines Schnittstellenkonverters um die beiden Schnittstellen miteinander zu verbinden. Aufgrund des hohen Datenvolumens und der hohen Datenrate waren allerdings auch qualitativ hochwertige Konverter überlastet. Dies führte zu unzufriedenstellenden Ergebnissen. Ein weiterer Grund für die endgültige Entscheidung zugunsten der RS-232 Variante war die sehr kurze Leitungslänge zwischen dem Sensor und dem PC (siehe Abbildung 2.4), die es ermöglicht, die hohe Übertragungsrate von 115200 bit/s zu nutzen.

Abbildung 2.4: RS-232 Verbindung zwischen dem Lasersensor und dem PC

2.3.2 Request Mode

Im Request Mode werden durch Übermittlung von Send- und Fetch-Telegrammen die Messdaten durch den Host-Rechner angefordert. Um einen zeitgleichen Zugriff von der RS-232 Diagnoseschnittstelle und der RS-422 Datenschnittstelle zu verhindern, arbeitet der Scanner mit einem *System Token*. Dieser übernimmt die Verwaltung der verschiedenen Schnittstellen. Ein Token (engl. für Zeichen oder Marke) ist eine „ausgezeichnete Nachricht", die es erlaubt einen gleichzeitigen Zugriff auf Schnittstellen oder auch Speicherbereiche und dergleichen zu verhindern. Vor dem Lesen oder Schreiben von Daten muss der Token angefordert und erfolgreich zugewiesen worden sein.

Der logische Ablauf im Request Mode sieht folgendermassen aus:

1. Power On

2. Get Token

3. Read Scandatensatz 1

4. ...

5. Read Scandatensatz n

6. Release Token

Ein Telegramm setzt sich aus einem 8-Byte Telegramm-Kopf, 1082 Datenbytes und einer 2 Byte Cyclic Redundancy Check (CRC)-Summe zusammen. Die CRC-Summe, gebildet nach dem Polynom $x^{16} + x^{12} + x^5 + x^0$

wird über die Datenbytes gebildet und erlaubt eine Integritätsprüfung der Daten.

2.3.3 Kontinuierliche Datenausgabe

Der Scanner kann so konfiguriert werden, dass die Messwerte ständig an der RS-422 Schnittstelle ausgesendet werden. In diesem Modus besteht keine Beeinträchtigung durch den Telegrammverkehr der anderen zur Vefügung stehenden Schnittstellen des S300. Die Anforderung eines Tokens ist somit für die kontinuierliche Datenausgabe nicht erforderlich. Die kontinuierliche Datenausgabe wird bei der Konfiguration mithilfe der CDS aktiviert. Die Ausgabe der Messdaten erfolgt dadurch automatisch, die Telegramme müssen nur gelesen werden.

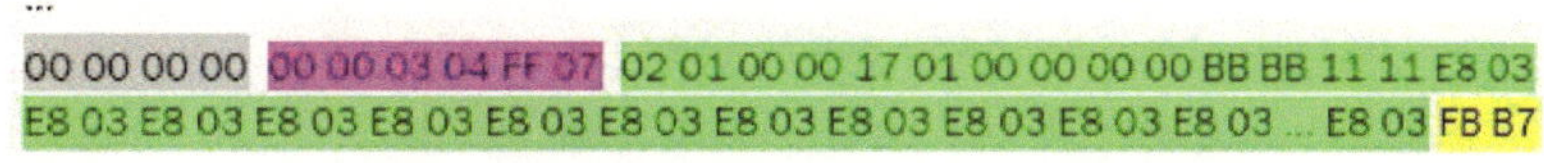

Abbildung 2.5: Telegrammaufbau - kontinuierliche Datenausgabe [Tele]

Abbildung 2.5 zeigt den Telegrammaufbau für die kontinuierliche Datenausgabe. Ein Datensatz besteht aus einem 4 Byte Reply Header (grau unterlegt), 6 Bytes (violett unterlegt) für die Datenblocknummer, die Größe des Telegramms, einem Coordination Flag und dem Device Code. Anschließend folgen die Messwerte mit 1082 Byte (grün unterlegt), wobei für jeden Abstandswert 2 Byte gesendet werden. Die CRC-Summe bildet den Abschluss eines Telegramms mit 2 Byte (gelb unterlegt). Ist das Gerät einmal auf die kontinuierliche Datenausgabe konfiguriert worden, bleibt die Konfiguration permanent im Gerät erhalten. Nach jedem Power Up wird die aktuelle Konfiguration aus dem internen Speicher geladen.
Für weitere Informationen zu dem Laserscanner wird auf [Tele] und [Betr] verwiesen.

2.4 Datenverarbeitung

Der Laserscanner liefert 541 Abstandswerte denen je ein Winkel zugeordnet werden kann. Steht der Scanner aufrecht, entspricht der erste Abstandswert einem Winkel von -45 Grad. Im Projekt AICC ist der Scanner gestürzt am Auto montiert (siehe Abbildung 2.6). In diesem Fall entspricht der erste Abstandswert einem Winkel von 225 Grad. Da in der Testphase mit beiden Varianten gearbeitet wurde, kann auf der Programmoberfläche die jeweilige Variante durch eine Check-Box (siehe Kapitel 2.5.1.2.2) ausgewählt werden. Je nach Auswahl wird eine, mit der Check-Box verknüpfte boolsche Variable entweder auf EINS oder NULL gesetzt. Mit einer einfachen Abfrage (siehe Listing 2.2 Zeile 1 und 2) wird der

Abbildung 2.6: AICC...Artificial Intelligence Concept Car

entsprechende Anfangswert für den Winkel gewählt.

Um die Darstellung der Daten zu ermöglichen, werden die Polarkoordinaten in kartesische Koordinaten umgerechnet (siehe Kapitel 2.4.2). Im Windows Grafiksystem Graphics Device Interface (GDI) stehen acht verschiedene Abbildungsmodi zur Verfügung. In jedem Modus werden den CDC Member-Funktionen (siehe Kapitel 2.5.2) kartesische Koordinaten übergeben.

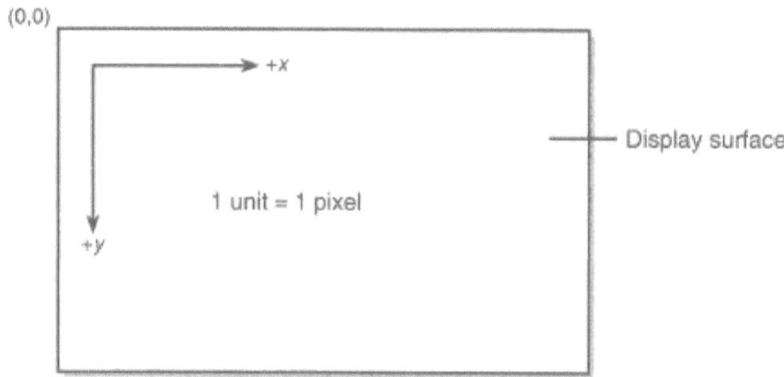

Abbildung 2.7: Das MM_TEXT Koordinatensystem[Pros]

Wie in Abbildung 2.7 ersichtlich, entspricht im Default-Abbildungsmodus MM_TEXT eine Einheit genau einem Bildschirmpunkt (*pixel*). Der Ursprung ist dabei die linke obere Ecke der Darstellungsebene (mit (0,0) gekennzeichnet). Weiters ist in diesem Abbildungsmodus zu beachten, dass das Vorzeichen der logischen y-Koordinaten invertiert werden muss um eine korrekte Darstellung zu ermöglichen (siehe Listing 2.2 Zeile 12).

Da nur der Standard-Abbildungsmodus verwendet wurde, wird auf die anderen Varianten hier nicht weiter eingegangen.

2.4.1 Datenformat der Messdaten

Jeder Messwert wird auf 2 Datenbyte (Bit 0-15) aufgeteilt. Die drei MSB im High-Byte sind Statusbits, wobei Bit 15 angibt ob ein Messwert innerhalb des konfigurierten Warnfeldes gelegen ist, Bit 14 einen Messwert innerhalb des Schutzfeldes und Bit 13 eine erkannte Blendung signalisiert. Die verbleibenden 5 Bit des High-Byte und die 8 Bit des Low-Byte (13 Bit) liefern die gemessene Entfernung in Zentimetern. In Listing 2.2 Zeile 5 bis 7, S. 18 ist die korrekte Zusammensetzung der 13 Bit und die Zuweisung auf eine Integer-Variable ersichtlich. Das High-Byte wird dort mit hexadezimal 0x1F (binär '00011111') „verundet" und auf die Variable zugewiesen. Diese wird anschliessend um 8 Stellen nach links geshiftet und schließlich das Low-Byte addiert. Somit steht der Abstandswert im Programm zur Verfügung.

2.4.2 Berechnungen

Abbildung (2.8) soll den Zusammenhang von Polarkoordinaten (r und φ) und kartesischen Koordinaten (x und y) veranschaulichen.

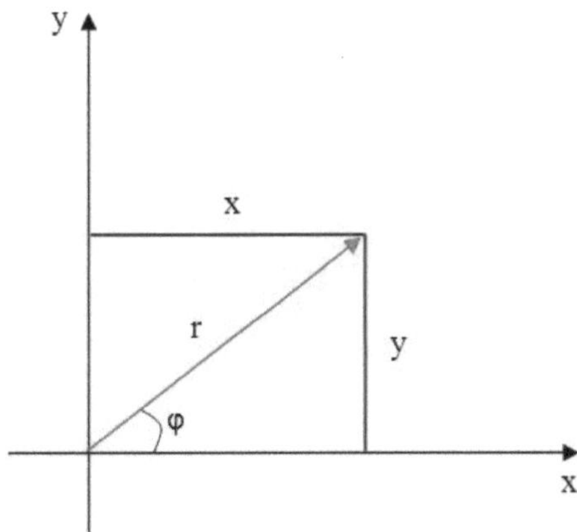

Abbildung 2.8: Koordinatensysteme

Die trigonometrische Formel für den Kosinus ist definiert durch die Gleichung 2.1 [Bro].

$$cos(\varphi) = \frac{Ankathete}{Hypotenuse} = \frac{x}{r} \tag{2.1}$$

Demzufolge lässt sich die x-Koordinate durch die umgeformte Gleichung 2.2 berechnen.

$$x = r * cos(\varphi) \tag{2.2}$$

Der Sinus ist definiert durch die Gleichung 2.3 [Bro].

$$sin(\varphi) = \frac{Gegenkathete}{Hypotenuse} = \frac{y}{r} \qquad (2.3)$$

Daraus ergibt sich der y-Wert durch die wiederum umgeformte Gleichung 2.4.

$$y = r * sin(\varphi) \qquad (2.4)$$

Die Umrechnung wird in einem Thread, der das kontinuierliche Auslesen der Sensordaten über die serielle Schnittstelle übernimmt, durch das Senden einer UserDefinedWindowsMessage (siehe Abschnitt 2.5.1.4) gestartet. Im folgenden Listing 2.2 ist die entsprechende Berechnung für die x-Koordinate (Zeile 12) und die y-Koordinate (Zeile 13) ersichtlich. Dabei ist zu beachten, dass der cos- und sin-Funktion (beide verwendbar durch Inkludierung des Header-Files math.h) der entsprechende Winkel in Radiant (rad) übergeben werden muss. Aus diesem Grund wird jeweils eine Umrechnung von Grad in Radiant durch Multiplikation mit der Kreiszahl pi und einer Division durch 180 (ein Kreis entspricht 360° $\equiv 2\pi$) vorgenommen.

Listing 2.2: PolarToCartesian

```
1  if (updown == 0)          m_winkel_2 = −45;
2  else     m_winkel_2 = 225;
3  for (int v=0; v<541; v++)
4  {
5          m_messwert = m_lidar_daten[v][1] & 0x1F;
6          m_messwert <<= 8;
7          m_messwert = m_messwert + m_lidar_daten[v][0];
8          if (m_messwert > 700) m_messwert = 700;
9          abstand = (float)m_messwert;
10         winkel = m_winkel_2;
11         m_xWert_yWert[v][0] = m_abs_ang[v][0]*cos(m_abs_ang[v][1]*(pi/180));
12         m_xWert_yWert[v][1] = m_abs_ang[v][0]*sin(m_abs_ang[v][1]*(pi/180));
13         m_xWert_yWert[v][1] = m_xWert_yWert[v][1]*(−1);
14         if (updown == 0)          m_winkel_2 += 0.5;
15         else     m_winkel_2 −= 0.5;
16 }
```

Wie in Listing 2.2 ersichtlich, erfolgt die Umrechnung in einer Schleife die 541 mal durchlaufen wird. Je nach Startwert des Winkels wird am Ende der Schleife der Winkel entweder um einen halben Grad inkrementiert, falls der Winkelwert mit -45 Grad initialisiert wurde (siehe Listing 2.2, Zeile 15), oder um einen halben Grad dekrementiert, falls der Sensor gestürzt montiert ist und der Winkel somit mit 225 Grad initialisiert wird (siehe Listing 2.2, Zeile 16). Somit wird jedem Abstandswert automatisch der dem Wert entsprechende Winkel zugeordnet.

2.4.3 Speicherung der Daten

Um die Daten nicht nur temporär auswerten zu können, werden sie in der aicc_testumgebung-solution, dem zentralen Steuerungsprogramm des Autos, automatisiert in zwei verschiedene Log-Files geschrieben. Die redundante Ausführung dient dazu, neben einem binären Logfile welches sämtliche berechneten Daten beinhaltet, ein lesbares .txt File zur Verfügung zu haben, das nur einen Teil der zahlreichen Informationsdaten, wie zum Beispiel Statusdaten des Sensors und des Autos oder auch die aktuellen Positionen des Autos und des anzufahrenden Zieles, beinhaltet. Um die Dateien auf der Harddisk (im Projekt AICC die Compact Flash Karte des IPC) zu speichern, und um diese später wieder lesen zu können, wurde auf die C-Funktionen *fopen, fwrite, fread, fclose, fprintf* und *fseek,* definiert im C-Header stdio.h, zurückgegriffen. Die genannte Header-Datei definiert auch die Struktur *_iobuf,* welche Informationen über eine Datei beinhaltet. FILE ist eine Instanz dieser Struktur. Die vorher genannten Funktionen benötigen einen *file-pointer*. Dieser wird wie folgt angelegt: FILE *logfile;. Der Befehl *fopen* öffnet eine Datei oder auch einen Uniform Resource Locator (URL). Der Funktion werden ein String für Speicherort und den Dateinamen sowie ein String um den Zugriffsmodus zu spezifizieren übergeben. Im Falle des lesbaren Logfiles sieht die Anwendung wie folgt aus : logfile = fopen("D:\\logfile.txt","a+");. Der Modus a+ öffnet die Datei zum Lesen und Schreiben, stellt den Zeiger auf das Ende der Datei und versucht diese anzulegen, falls sie nicht schon existiert. Mit der Funktion *fprintf* kann das entsprechende Logfile lesbar beschrieben werden. Beim ersten Übergabeparamter handelt es sich um einen Zeiger auf die FILE Struktur. Der zweite Parameter ist ein String, der auch die Art der Formatierung beinhalten kann. Im dritten Argument können optional Variablen übergeben werden, die je nach Formatierung entsprechend ausgegeben werden. Die Code-Zeilen in Listing 2.3 erzeugen eine Ausgabe im Textfile wie sie in Abbildung 2.9 zu sehen ist.

Listing 2.3: fprintf

```
1  fprintf(logfile, "Systemzeit: %uh %umin %usec\n\r",st.H+1, st.M, st.S);
2  fprintf(logfile, "LIDAR - Status: %u\n\r", lidar_status);
3  fprintf(logfile, "Mainboard - Status: %u\n\r",mainboard_status);
4  fprintf(logfile, "Kompass - Status: %u\n\r",compass_status);
5  fprintf(logfile, "aktuelle Wegstrecke: %fcm\n\r",distance_odometry);
6  fprintf(logfile, "current compass value: %f\n\r",compass_value);
7  fprintf(logfile, "Anzahl der Landmarken: %u\n\r",landmark_count);
8  fprintf(logfile, "distance to goal: %f\n\r",distance_c_g);
```

Für das binäre Logfile ändert sich der Parameter für den Zugriffsmodus: logfile2 = fopen("D:\\logfile2.bin","a+b");. Dem Modus-Parameter kann ein kleines b hinzugefügt werden. Damit wird die Behandlung von Binärdaten erlaubt. Dies ist unter Windows sinnvoll, da hier zwischen Binär- und Text-Dateien unterschieden wird. Der Parameter macht die Datei dadurch portabler und spart Speicherplatz. Die Funktion *fwrite* wird zum Schreiben auf die angelegte Datei verwendet. Der erste Parameter ist ein Zeiger auf die zu

```
□Systemzeit: 3h 26min 5sec
□LIDAR - Status: 3
□Mainboard - Status: 0
□aktuelle Wegstrecke: 0.000000cm
□current compass value: 35.000000
□Anzahl der Landmarken: 0
□distance to goal: 0.000000
```

Abbildung 2.9: Ausschnitt aus einem lesbaren Logfile

schreibenden Daten. In den folgenden 2 Argumenten steht die Größe der Daten in Byte und die maximale Anzahl der zu schreibenden Elemente. Der vierte und letzte Parameter ist wiederum ein Zeiger auf die FILE Struktur. Das folgende Listing 2.4 zeigt das Schreiben der vielfältigen Daten ins binäre Logfile. Aus dem entstehenden Logfile wird in der MFC-Anwendung gelesen, um die Daten zu visualisieren und teilweise auch als Text auszugeben.

Listing 2.4: fwrite

```
1  fwrite (&systime.wHour, sizeof(systime.wHour),1,logfile2);
2  fwrite (&systime.wMinute, sizeof(systime.wMinute),1,logfile2);
3  fwrite (&systime.wSecond, sizeof(systime.wSecond),1,logfile2);
4  fwrite (&lidar_status, sizeof(lidar_status),1,logfile2);
5  fwrite (&mainboard_status, sizeof(mainboard_status),1,logfile2);
6  fwrite (&compass_status, sizeof(compass_status),1,logfile2);
7  fwrite (&distance_odometry, sizeof(distance_odometry),1,logfile2);
8  fwrite (&compass_value, sizeof(compass_value),1,logfile2);
9  if (!landmark_count) landmark_count = 1;
10 fwrite (&landmark_count, sizeof(unsigned int),1,logfile2);
11 fwrite (&distance_c_g, sizeof(distance_c_g),1,logfile2);
12 fwrite (landmarks, sizeof(landmarks[0]),landmark_count,logfile2);
13 fwrite (dead_rec_position, sizeof(POINTC),1,logfile2);
14 fwrite (current_position, sizeof(POINTC),1,logfile2);
15 fwrite (waypoints, sizeof(driving_maneuver),1,logfile2);
16 fwrite (target_position, sizeof(POINT1),1,logfile2);
17 fwrite (lidar_cart, sizeof(POINT1),451,logfile2);
18 fwrite (lidar_polar, sizeof(POINT2),451,logfile2);
19 fwrite (j_nodes, sizeof(waypoint_s),226,logfile2);
20 if (!ransaclinecount) ransaclinecount = 1;
21 fwrite (&ransaclinecount, sizeof(ransaclinecount),1,logfile2);
22 fwrite (ransaclines, sizeof(LINE),ransaclinecount,logfile2);
23 if (!cornercount) cornercount = 1;
24 fwrite (&cornercount, sizeof(cornercount),1,logfile2);
25 fwrite (corners, sizeof(POINT1),cornercount,logfile2);
26 fwrite (corridor, sizeof(corridor_data),1,logfile2);
27 fwrite(output_corridor, sizeof(POINT1),451,logfile2);
28 fclose(logfile);
29 fclose(logfile2);
```

Der Befehl *fclose* am Ende des Listings 2.4 schließt die Datei, die vorher mit *fopen* geöffnet oder erstellt wurde.
Für weitere Informationen zu den verwendeten Funktionen wird auf [Msdn] und [php] verwiesen.

2.5 Visualisierung

2.5.1 MFC-Programmierung

Die Klassenbibliothek MFC ist eine Standardklassenbibliothek für die Programmierung unter Windows. Durch die Unterstützung diverser Assistenten können schnell lauffähige Programme erzeugt werden. Die MFC ist eine objektorientierte Hülle um das Windows Application Programming Interface (API). Sie stellt, angefangen von sehr einfachen Klassen wie **CPoint** (ein Punkt mit x- und y-Koordinaten) bis zu komplexeren Klassen wie **CWnd** (beinhaltet die Funktionalitäten eines Fensters), an die 200 Klassen zur Verfügung [Ma]. Ab der Version 2.0 stellen die MFC einen vollständigen Rahmen für Anwendungsprogramme dar. Dieses Anwendungsgerüst (application framework) liefert damit nicht nur ein vorgefertigtes Design für ein Anwendungsprogramm, sondern hilft dabei die Struktur von Programmen zu definieren und bearbeitet viele Routinen im Auftrag der Applikation. Nicht der Programmierer ruft Funktionen des Frameworks auf, sondern er stellt Funktionen bereit, die dann durch das Framework aufgerufen werden. Die MFC tragen weiters dazu bei, Programme portabel zu machen - zumindest zwischen verschiedenen Windows-Versionen. Komplexe Windows-Technologien, wie *ActiveX*-Steuerelemente oder Object Linking and Embedding (OLE), können durch die MFC einfach verwendet werden. OLE ist eine Technologie, die es ermöglicht, Dokumente verschiedener Programme zusammen in einer Datei speichern zu können. Auch als *Verbunddokumente* bezeichnet, dient ein Dokument als Container, in den andere Dokumente eingebettet und bearbeitet werden können. Ein Beispiel dafür wäre, die Möglichkeit Excel-Tabellen in einem Word-Dokument direkt zu bearbeiten [Buds].

2.5.1.1 Die CFormView-Klasse

Die von CView abgeleitete *CFormView*-Klasse ist, neben anderen, eine Basisklasse der Ansichtsklasse. Sie stellt eine geeignete Methode bereit, um Steuerelemente in einer Ansicht einzufügen, die auf einer Dialogfeldvorlage basiert. Durch die, mittels des Resource-Editor automatisch erstellte Dialogseite, stehen die meisten Funktionen der MFC Klasse CDialog zur Verfügung. CDialog ist die Basisklasse aller Dialoge, die von der Basisklasse aller Fenster *CWnd* abgeleitet ist. Jeder Dialog ist letztendlich ein ganz normales Fenster.

2.5.1.2 Verwendete Controls der MFC Toolbox

Wie in Abbildung 2.10 ersichtlich, bietet die MFC-Toolbox eine Reihe von Controls an. Diese können durch einfaches Auswählen und Hineinziehen in den erstellten FormView-Dialog verwendet werden.

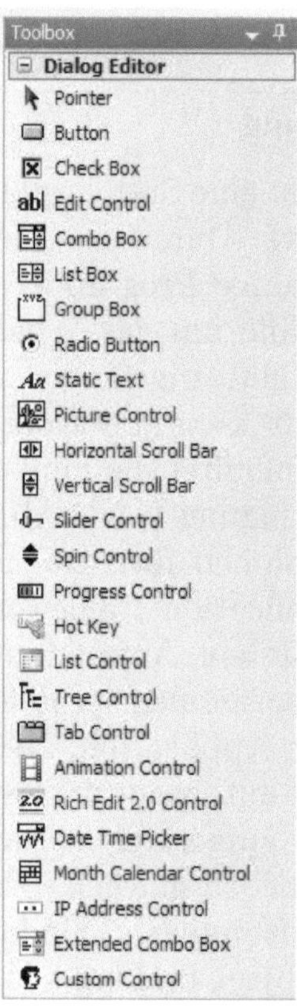

Abbildung 2.10: Die MFC-Toolbox

2.5.1.2.1 Push Button

Ein oft verwendetes Kontrollelement ist wohl der **Push Button** (siehe Abbildung 2.11). Er stellt, neben check boxes, radio buttons und

Abbildung 2.11: Button-Control

group boxes, eine Variante der CButton-Klasse, basierend auf der „Button" WNDCLASS dar. Wird der Button angeklickt, wird die Mitteilung BN_CLICKED, gekapselt in einer WM_COMMAND Nachricht, gesendet. Das MFC Makro ON_BN_CLICKED verbindet die BN_CLICKED Meldung mit Member-Funktionen in der *parent window Klasse*. Der Message-map Eintrag ON_BN_CLICKED(IDC_STEP, &Caicc_umfeldView::OnBnClickedStep) koppelt *OnBnClickedStep* mit dem Anklicken des Buttons, hier mit der Kontroll-ID IDC_STEP. Listing 2.5 zeigt ein Beispiel der Implementierung.

Listing 2.5: OnButtonClicked

```
void Caicc_umfeldView::OnBnClickedStep()
{
        _beginthread(StepThread, 0, NULL);
}
```

2.5.1.2.2 Check Box

Eine einfachere Variante des *Button* ist die **Check Box** Control (siehe Abbildung 2.12). Eine Check Box kann genau zwei Zustände anneh-

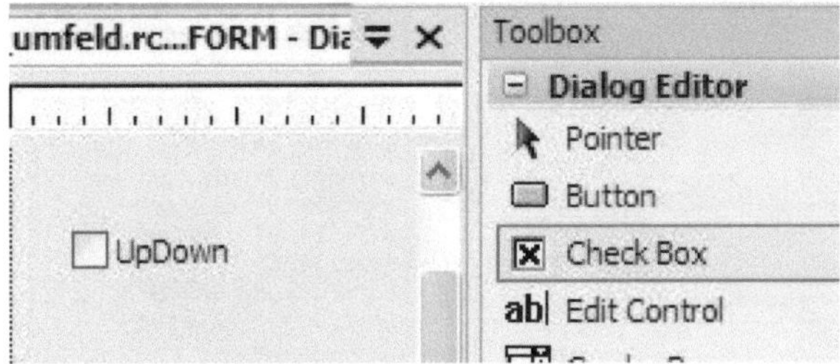

Abbildung 2.12: Check Box Control

men, aktiviert oder deaktiviert. Sie kann mit einer *boolschen* Member-Variable verknüpft werden. Ebenso wie *Buttons* senden *Check Boxes* die BN_CLICKED Nachricht wenn sie angeklickt werden. In Zeile 7 des Codebeispieles Listing 2.6 werden die ID der Check Box und die zugehörige boolsche Member-Variable verknüpft. Mit UpdateData(TRUE) werden alle Member-Variablen, hier die boolsche Variable *updown*, mit dem aktuellen Status der Check Box initialisiert.

2.5.1.2.3 Edit Control

Ein weiteres sehr nützliches Kontrollelement ist das **Edit Control**. Die

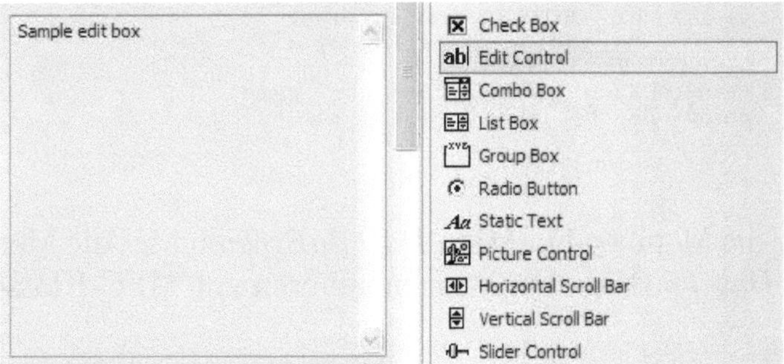

Abbildung 2.13: Edit-Control

MFC *CEdit* Klasse kapselt die Funktionalitäten dieses Kontrollelements. Edit Controls werden in erster Linie für Texteingaben und Textbearbeitungen verwendet. Ein gutes Beispiel für eine *multiline* Edit Control wäre etwa der Notepad von Windows.

Eine Edit Control ist auf eine Textgrösse von etwa 60kB limitiert, was für diese Anwendung bei weitem ausreicht. Hier wird das Kontrollelement nur zur Darstellung von Daten (Statusinformationen und Messwerten) verwendet. Durch diverse Einstellungen wie *multiline* (ermöglicht mehrzeilige Ausgaben), *Read Only* (kein Schreibzugriff) und *Vertical Scroll* (fügt dem Ausgabefeld eine vertikale Scroll-Bar hinzu), entsteht ein Ausgabefeld wie in Abbildung 2.14 ersichtlich. Unter Zuhilfenahme

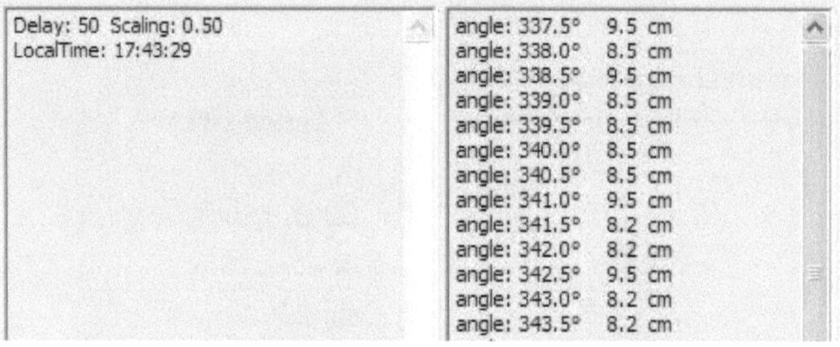

Abbildung 2.14: Edit Control zum Anzeigen von Daten

des *Add Member Variable Wizard* kann das entstandene Ausgabefeld mit einer Variable verknüpft werden. In diesem Fall wurde eine *Control variable* als Kategorie *Value* mit dem Typ *CString* verwendet. Die Member-Funktion Caicc_umfeldView::DoDataExchange(...) koordiniert den Datenaustausch der Member-Variablen mit den Dialogfeldelementen. In der Funktion DDX_Text (Dialog Data Exchange (DDX))(siehe Listing 2.6, Zeilen 4-6) werden die ID des Eingabefeldes und die zugehörige Member-Variable verknüpft.

Listing 2.6: DoDataExchange

```
 1  void  Caicc_umfeldView :: DoDataExchange ( CDataExchange* pDX)
 2  {
 3          CFormView :: DoDataExchange (pDX) ;
 4          DDX_Text(pDX, IDC_OUTPUT, daten_output ) ;
 5          DDX_Text(pDX, IDC_OUTPUT2, daten_output_2 ) ;
 6          DDX_Text(pDX, IDC_CHECK, stringheader ) ;
 7          DDX_Check(pDX, IDC_UPDOWN, updown ) ;
 8          DDX_Control(pDX, IDC_SLIDER1, m_play_speed ) ;
 9          DDX_Control(pDX, IDC_SLIDER2, m_f_scaling ) ;
10  }
```

Auslöser für die Member-Funktion *DoDataExchange* ist die Member-Funktion *UpdateData()*. Beide Funktionen gehören zur MFC-Klasse *CWnd*.

Listing 2.7: UpdateData()

```
 1  stringheader = "" ;
 2  stringheader += "Delay: " ;
 3  stringheader . AppendFormat ( "%i" , m_i_speed ) ;
 4  stringheader += "  Scaling : " ;
 5  stringheader . AppendFormat ( "%01.2 f" , m_f_scale ) ;
 6  GetSystemTime(&st ) ;
 7  GetLocalTime(&lt ) ;
```

```
 8  stringheader += "\r\n";
 9  stringheader += "LocalTime: ";
10  stringheader.AppendFormat("%i:%i:%i", lt.wHour, lt.wMinute, lt.wSecond);
11  UpdateData(FALSE);
```

Wird die *UpdateData()* Funktion mit dem Parameter FALSE aufgerufen (siehe Listing 2.7, Zeile 11), werden alle Controls, als Beispiel hier das Ausgabefeld mit der ID IDC_CHECK (siehe Abbildung 2.14, links), mit den aktuellen Werten ihrer zugehörigen Member-Variablen initialisiert.

2.5.1.2.4 Static Text

Die **Static Text** Control wird meist verwendet um die Funktionaliät anderer Kontrollelemente auf der Dialogoberfläche zu beschreiben.

Abbildung 2.15: Static Text Control

Static Text stellt, neben rectangles und images, eine Variante der CStatic-Klasse, basierend auf der „STATIC" WNDCLASS dar und ist wohl die einfachste der MFC Control-Klassen.

2.5.1.2.5 Slider Control

Slider Controls (siehe Abbildung 2.16) sind nützliche Kontrollelemente um Member-Variablen während der Laufzeit neue Integer-Werte zuzuweisen.

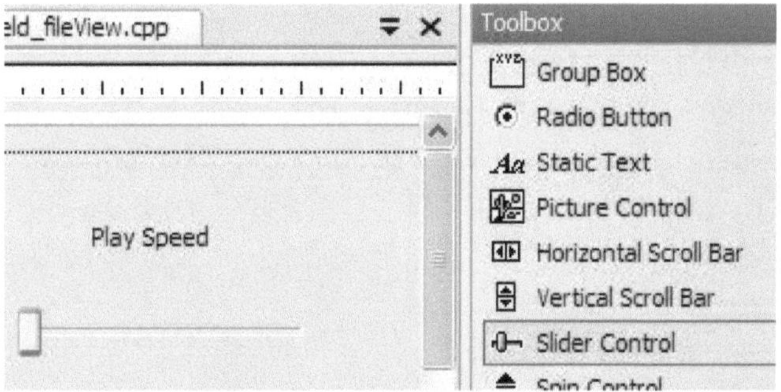

Abbildung 2.16: Slider Control

Slider werden durch die *CSliderCtrl* Klasse der MFC repräsentiert. Unter Zuhilfenahme des *Add Member Variable Wizard* kann der Slider mit einer Kontroll-Variable verknüpft werden. In diesem Fall wird eine *Control variable* als Kategorie *Control* mit dem Typ *CSliderCtrl* verwendet. Die Member-Funktion Caicc_umfeldView::DoDataExchange(...) koordiniert abermals den Datenaustausch der Kontroll-Variablen mit den Slidern im Dialogfeld (siehe Listing 2.6, Zeilen 8 und 9). In der Funktion DDX_Control werden wiederum die ID's der Slider und die zugehörigen Member-Variablen verknüpft. In der Funktion OnInitialUpdate(), die aufgerufen wird wenn ein Dokument geöffnet wird, wird den Member-Variablen der Slider durch member.SetRange(int min, int max) ein Minimal- und ein Maximalwert zugewiesen (siehe Listing 2.8, Zeile 7 und 9). Weiters werden die jeweiligen Slider mit member.SetPos(int position) auf eine Anfangsposition initialisiert (siehe Listing 2.8, Zeile 8 und 10).

Listing 2.8: OnInitialUpdate()

```
 1  void  Caicc_umfeldView :: OnInitialUpdate ()
 2  {
 3          CFormView :: OnInitialUpdate () ;
 4          GetParentFrame ()->RecalcLayout () ;
 5          ResizeParentToFit () ;
 6          hwnd = GetSafeHwnd () ;
 7          m_play_speed . SetRange (20 ,300) ;
 8          m_play_speed . SetPos (50) ;
 9          m_f_scaling . SetRange (1 ,100) ;
10          m_f_scaling . SetPos (25) ;
11          UpdateData (0) ;
12          UpdateData (1) ;
13          myfile = fopen (FileName , "rb") ;
14  }
```

Die Funktion GetDlgItem(ID) liefert einen *CWnd* pointer auf das Kontrollelement im Dialog mit der jeweiligen ID. Durch eine Typenkonversion (*typecast*) auf *CSliderCtrl** und eine Zuweisung auf die zugehörige Member-Variable (siehe Listing 2.9, Zeile 3 und 5), kann die *CSliderCtrl* Funktion member.GetPos() angewandt werden um auf den aktuellen Wert des Sliders zuzugreifen und im laufenden Programm verwenden zu können (siehe Listing 2.9, Zeile 4 und 6).

Listing 2.9: GetDlgItem()

```
 1  void  Caicc_umfeldView :: OnDraw (CDC* pDC)
 2  {
 3          CSliderCtrl* m_play_speed = ( CSliderCtrl*) GetDlgItem (IDC_SLIDER1) ;
 4          m_i_speed = m_play_speed->GetPos () ;
 5          CSliderCtrl* m_f_scaling = ( CSliderCtrl*) GetDlgItem (IDC_SLIDER2) ;
 6          m_i_scale = m_f_scaling->GetPos () ;
 7          ...
```

Für weitere Informationen zu den Controls der MFC-Toolbox wird auf [Pros] und [Buds] verwiesen.

2.5.1.3 Threads in den MFC

Jedes ausführbare Programm, sprich jeder *Prozess*, kann diverse Ausführungspfade enthalten. Die verschiedenen Pfade werden als sogenannte *Threads* bezeichnet [Shep]. Die MFC unterscheiden dabei zwischen *Arbeitsthreads (worker threads)* und *Benutzeroberflächenthreads (User Interface (*UI*) threads)*. Während Benutzeroberflächenthreads Fenster erstellen und Meldungen abarbeiten können, verfügen Arbeitsthreads über keine Meldungsschleife, da sie auch keine direkten User-Eingaben erhalten. Die *AfxBeginThread-* Funktion erzeugt einen Thread in einer MFC-Applikation. Bei Aufruf der Funktion wird ein *CWinThread*-Objekt erzeugt, ein mit diesem verknüpfter Thread gestartet und ein *CWinThread*-Zeiger zurückgegeben.

Die Funktion `CWinThread* pThread = AfxBeginThread (ThreadFunc, &threadInfo)` startet einen Arbeitsthread und übergibt diesem mit &*threadInfo* die Adresse einer Daten-Struktur, welche Eingaben für den Thread enthält. *ThreadFunc* ist die Thread-Funktion, welche abgearbeitet wird wenn der Thread gestartet wird [Pros]. Arbeitsthreads eignen sich sehr gut um verschiedenste Aufgaben, wie die Durchführung aufwändiger Berechnungen, oder wie im vorliegenden Fall, die Verarbeitung großer Datenmengen im Hintergrund, auszuführen.

Aufgrund der *Multithreading*-Erfahrung unter **C** wurde auf die Verwendung der `_beginthread()`- und `_endthread()`- Funktionen, deklariert im C-headerfile *process.h*, welches auch vom Win32 C-Compiler unterstützt wird, zurückgegriffen. Die Funktion `_beginthread(LidarThread, 0, NULL)` erzeugt einen Thread dessen Ausführung an der Startadresse der Funktion *LidarThread* beginnt. Diese Funktion wird global definiert, muss die *_cdecl* Aufrufkonvention (*calling convention*) verwenden und darf keinen Rückgabewert haben: `void LidarThread(void *pParam)`. Das Betriebssystem übernimmt die Stapelspeicherallokierung für den *Arbeitsthread*. Wird der *_beginthread-*Funktion als zweitem Parameter 0 übergeben, wird für den Thread derselbe Wert für die *stack-size* bereitgestellt wie dem Hauptprozess, also dem *Hauptthread* (*main-thread*). Mit dem zweitem Parameter können dem Thread Daten übergeben werden. Ist dies nicht notwendig wird der Parameter einfach auf NULL gesetzt [Msdn], [Ma].

2.5.1.4 Kommunikation zwischen dem Programm und dem Arbeitsthread

Aufgrund der Tatsache, dass Arbeitsthreads über keine Meldungsschleife verfügen und alle Threads eines Anwendungsprogrammes immer auf globale Variablen zugreifen können, bieten sich diese an um einen Arbeitsthread zu steuern. Im folgenden Beispiel wird die Beendigung eines Threads durch den Wert einer globalen Variable gesteuert (siehe Listing 2.10, Zeile 6).

Listing 2.10: LidarThread

```
1  void  LidarThread(LPVOID lpv)
2  {
3          fseek (myfile , 0 , SEEK_SET);
4          fread (daten,sizeof(int),902,myfile);
5          PostMessage(hwnd,  wm_calculate,  0,  0);
6          while (exit_com == 1)
7          {
8                  Sleep(i_speed);
9                  fseek (myfile , 0 , SEEK_CUR);
10                 fread (daten,sizeof(int),1082,myfile);
11                 PostMessage(hwnd,  wm_calculate,  0,  0);
12         }
13         _endthread();
14 }
```

Der Thread arbeitet so lange in seiner *while*-Schleife bis der Wert der
globalen Variable (in diesem Fall die *boolsche* Variable *exit_com*) vom
Hauptthread auf Null gesetzt wird. Dies kann zum Beispiel durch Drücken
eines Buttons auf der Dialogoberfläche geschehen. Wird der Wert der Variable in der OnBnClicked...()- Funktion nun auf Null gesetzt, wird die Schleife
verlassen und der Thread beendet.

Derartige „Endlosschleifen" lassen sich sehr gut in einem Thread realisieren. Der Hauptthread sollte hingegen niemals in eine Schleife ein-
treten, da die Meldungsschleife des Programms in dieser Zeit gestoppt
wäre und CPU-Zyklen verschwendet würden [Shep]. Aufgrund der Meldungsschleife des Hauptthreads sind *Windows-Meldungen* die einfachste
Variante den Arbeitsthread mit dem Programm kommunizieren zu lassen. Dazu bieten sich *Benutzerdefinierte Meldungen (UserDefinedWin-
dowsMessages)* an. #define wm_calculate WM_USER + 256 definiert eine derartige
Meldung. WM_USER ist im Header-File Winuser.h mit 0x400 hexadezimal definiert und spezifiziert die untere Grenze der Meldungs-IDs, die
ein Programm verwenden kann ohne mit den IDs der Standard-Windows-
Nachrichten in Konflikt zu geraten. Eine Applikation kann bis zu 31743
dieser Meldungen verwenden. Da Dialogfenster manche Nachrichten IDs
ab der WM_USER-Grenze ihrerseits verwenden, ist es anzuraten einen
beliebigen Wert zu 0x400 zu addieren um Konflikte zu vermeiden (hier
0x100 oder 256 dezimal) [Pros]. Die Funktion zur benutzerdefinierten
Nachricht wird in der Klassendeklaration nach dem MFC Makro
DECLARE_MESSAGE_MAP deklariert (siehe Listing 2.11, Zeile 11).

Listing 2.11: DECLARE_MESSAGE_MAP()

```
1  // Generated message map functions
2  protected:
3          DECLARE_MESSAGE_MAP()
4  public:
5          afx_msg void OnBnClickedPlot();
6          afx_msg void OnBnClickedPlot_2();
7          afx_msg void OnBnClickedExit();
8          afx_msg void OnBnClickedPLAY();
9          afx_msg void OnBnClickedStep();
```

```
10          afx_msg void OnBnClickedMatrix();
11          afx_msg LRESULT OnCalculate(WPARAM wp, LPARAM lp);
12          afx_msg LRESULT OnRestart(WPARAM wp, LPARAM lp);
13 protected:
14          virtual void OnDraw(CDC* /*pDC*/);
```

In der Klassenimplementierung wird die benutzerdefinierte Nachricht auf
die dazugehörige Funktion abgebildet (siehe Listing 2.12, Zeile 5). *OnCalculate* ist nun der HANDLE für die benutzerdefinierte Meldung *wm_ cal-
culate*.

Listing 2.12: BEGIN_MESSAGE_MAP

```
1 BEGIN_MESSAGE_MAP( Caicc_umfeldView , CFormView)
2         ON_BN_CLICKED(IDC_PLOT_2, &Caicc_umfeldView::OnBnClickedPlot_2)
3         ON_BN_CLICKED(IDC_EXIT, &Caicc_umfeldView::OnBnClickedExit)
4         ON_BN_CLICKED(IDC_PLOT, &Caicc_umfeldView::OnBnClickedPlot)
5         ON_MESSAGE(wm_calculate , OnCalculate)
6         ON_MESSAGE(wm_restart , OnRestart)
7         ON_BN_CLICKED(IDC_PLAY, &Caicc_umfeldView::OnBnClickedPLAY)
8         ON_BN_CLICKED(IDC_STEP, &Caicc_umfeldView::OnBnClickedStep)
9         ON_BN_CLICKED(IDC_MATRIX, &Caicc_umfeldView::OnBnClickedMatrix)
10 END_MESSAGE_MAP()
```

Die Parameter des ON_MESSAGE Makros sind die jeweilige Nachrichten-
ID (wm_calculate) und die Adresse der dazugehörigen Funktion (OnCalculate). Zum Versenden der Windows-Meldung bietet sich die Funktion
PostMessage(hwnd, wm_calculate, 0, 0) (siehe Listing 2.10, Zeile 5) an. Damit wird
die Meldung in die Windows-Meldungswarteschlange gestellt und die Mel-
dungsbearbeitungsfunktion (siehe Listing 2.13) aufgerufen, wenn die benutzerdefinierte Nachricht an der Reihe ist.

Listing 2.13: OnCalculate

```
1 LRESULT Caicc_umfeldView::OnCalculate(WPARAM wp, LPARAM lp)
2 {
3         ...
4         ...
5         ...
6         Invalidate(FALSE);
7         return 0;
8 }
```

Benutzdefinierte Nachrichten werden standardmäßig mit dem ON_MES-
SAGE Makro in die Nachrichtenzuordnungstabelle eingetragen [Buds].
Der Rückgabewert der Funktion ist der 32-Bit LRESULT-Datentyp. Die
beiden Übergabeparameter der afx_msg Funktion sind WPARAM (hier
die Nachrichten-ID wm_calculate) und LPARAM. Unter Win32 werden
diese Parameter gewöhnlich zur Übergabe zusätzlicher Informationen verwendet [Shep].

2.5.2 Möglichkeiten der Visualisierung in einer MFC FormView-Oberfläche

Windows stellt ein umfangreiches Sortiment von graphischen API-Funktionen zur Verfügung. Verantwortlich für die Grafikausgabe unter Windows ist das Grafiksystem GDI. Es enthält Funktionen zum Zeichnen von einfachen Punkten bishin zu Bitmaps oder auch Text. Innerhalb des GDI gibt es eine Reihe von Klassen - die Werkzeuge um graphische Objekte auszugeben (Ausschnitt aus dem MFC-Klassenbaum, siehe Abbildung 2.17).

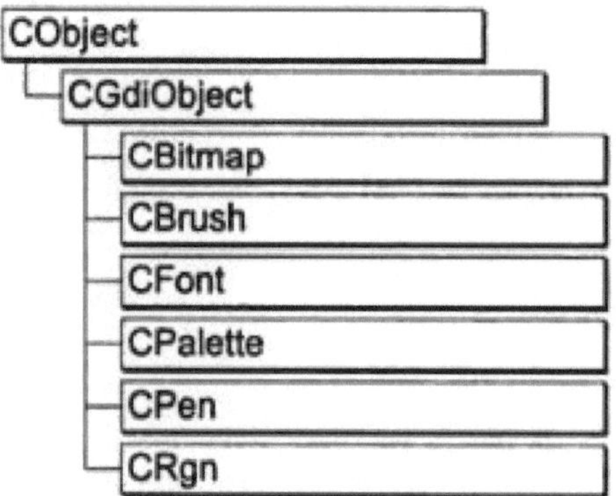

Abbildung 2.17: Klassen für GDI-Objekte [Buds]

Die Verwendung der GDI-Objekte ist allerdings nur innerhalb eines Gerätekontextes (*device context* DC), der die Umgebung zur Grafikausgabe bereitstellt, möglich. Gerätekontexte werden durch Objekte der Klasse CDC repräsentiert. Die Member-Funktionen von CDC dienen der Grafikausgabe [Buds]. Die Klasse CDC umfasst alle zum Zeichnen erforderlichen Member-Funktionen (siehe Abschnitt 2.5.2.2, S. 31).

2.5.2.1 Die Member-Funktion *OnDraw*

Bei der Methode *OnDraw()* handelt es sich um eine rein virtuelle Methode der CView Klasse. Die Methode kann in abgeleiteten Klassen überschrieben, und somit das Verhalten der jeweiligen Ansicht angepasst werden. *OnDraw* bekommt als Parameter einen Zeiger auf einen Gerätekontext (pointer to Device Content (pDC) (siehe Listing 2.14)) übergeben. Dadurch muss kein eigenes Gerätekontextobjekt (device context object) erzeugt werden. Der Zeiger verliert seine Gültigkeit nach Ausführung der Funktion [Pros].

Listing 2.14: OnDraw

```
1  void Caicc_umfeldView::OnDraw(CDC* pDC)
2  {
```

```
 3        CPen m_pen_broad(PS_SOLID,4,RGB(1,1,1));
 4        CPen *oldPen;
 5        // Sichern des alten Stiftes, Neuen in den Gerätekontext laden
 6        oldPen = pDC->SelectObject(&m_pen_broad);
 7
 8        pDC->Ellipse(0,0,50,50);
 9        pDC->Rectangle(20,240,720,920);
10        // x-Achse
11        pDC->MoveTo(50, 550);
12        pDC->LineTo(750, 550);
13        ...
14        ...
15        ...
16        // alten Stift zurücksetzen
17        pDC->SelectObject(oldPen);
18  }
```

Die Funktion wird aufgerufen wenn die Bildschirmausgabe oder nur ein
Teil der Ansicht neu gezeichnet werden muss. Auslöser wäre zum Beispiel
die Funktion Inavlidate() (siehe Listing 2.13, Zeile 6).

2.5.2.2 CDC Member-Funktionen in der Nachrichten-Funktion OnDraw()

Im Folgenden wird nur auf tatsächlich verwendete GDI Objekte und CDC
Member eingegangen.

2.5.2.2.1 Stifte (Pen)

In der MFC werden Stifte zum Zeichnen von Linien, Punkten sowie Aus-
senlinien von Objekten wie Ellipsen oder Rechtecken durch die Klasse
CPen repräsentiert [Buds]. Stifte besitzen neben der Stärke und ihrer
Farbe auch eine Linienart und können dadurch sehr leicht individuell ge-
staltet werden. In Listing 2.14 Zeile 3 sieht man ein Beispiel für einen
definierten Pen. *m_pen_broad* definiert den Namen des neuen Stiftes.
CPen(int nPenStyle, int nWidth, COLORREF crColor); Dem Konstruktor von CPen wird
als erstes Argument die *Linienart* übergeben - in diesem Fall eine durch-
gezogene Linie. Dies kann entweder durch Setzen einer 0 oder durch das
Makro PS_SOLID ausgewählt werden (siehe Listing 2.15, define in wing-
di.h). Mit dem zweiten Parameter wird die Stärke des Stiftes in Pixel
festgelegt. Der dritte und letzte Parameter bestimmt die Farbe des selbst
definierten Stiftes. Das Makro RGB im wingdi.h-Header File ermöglicht
es die Farbe durch Mischen der Farben rot (r), grün (g) und blau (b)
zusammenzustellen. Diesen Parametern können jeweils Werte zwischen 0
und 255 zugeordnet werden.

Listing 2.15: wingdi.h

```
1  #define RGB(r,g,b)
2  ((COLORREF)(((BYTE)(r)|((WORD)((BYTE)(g))<<8))|(((DWORD)(BYTE)(b))<<16)))
3
4  /* Pen Styles */
5  #define PS_SOLID                0
```

```
6 #define  PS_DASH              1        /* ———————— */
7 #define  PS_DOT               2        /* ........ */
8 #define  PS_DASHDOT           3        /* _._._._ */
9 #define  PS_DASHDOTDOT        4        /* _.._.._ */
```

Auf diese Art und Weise können beliebig viele unterschiedliche Stifte deklariert werden - je nach Anwendung und Anforderungen. Mit dem Befehl `oldPen = pDC->SelectObject(&m_pen_broad)` (siehe auch Listing 2.14, Zeile 6) kann nun ein Stift in den Gerätekontext (Device Content (DC)) geladen werden. Da die Funktion *SelectObject* das sich zuvor im DC befindliche Objekt zurückgibt, findet gleichzeitig eine Zwischenspeicherung des alten Pens in der Variablen oldPen statt. Dies dient dem Zweck den Gerätekontext nach dem Ende der Grafikausgabe wieder in seinen ursprünglichen Zustand zu bringen[Buds] (siehe Listing 2.14, Zeile 17).

2.5.2.2.2 CDC Member Funktion MoveTo()

Unter der Vielzahl der CDC Member Funktionen ist die Funktion *MoveTo* wohl die am Häufigsten verwendete. Die Funktion setzt die aktuelle Zeichenposition innerhalb des Gerätekontextes fest und somit den Ausgangspunkt für die nächste Zeichenoperation (siehe Listing 2.14, Zeile 11). Der Funktion können entweder kartesische Koordinaten (siehe Listing 2.16, Zeile 1), oder eine Instanz der Windows-Struktur *POINT (LONG x, LONG y)* (siehe Listing 2.16, Zeile 2) übergeben werden. Der Rückgabewert der Funktion ist die, der Windows POINT-Struktur sehr ähnliche, CPoint Klasse.

Listing 2.16: MoveTo

```
1 CPoint MoveTo(int x, int y);
2 CPoint MoveTo(POINT point);
```

2.5.2.2.3 CDC Member Funktion LineTo()

Die Funktion *LineTo* zeichnet eine Linie von der aktuellen Position zu der ihr als Parameter übergebenen Position(siehe Listing 2.14, Zeile 12). Die aktuelle Position wird nach Ausführung auf das Ende der Linie (die der Funktion übergebenen Koordinaten) gesetzt. Dadurch können sich mehrere Linien auf sehr einfache Art und Weise miteinander verbinden lassen[Buds]. Der Funktion können wiederum entweder kartesische Koordinaten (siehe Listing 2.17, Zeile 1), oder eine Instanz der Windows-Struktur *POINT (LONG x, LONG y)* (siehe Listing 2.17, Zeile 2) übergeben werden. Bei erfolgreicher Ausführung der Funktion ist der Rückgabewert boolsch '1', andernfalls '0'.

Listing 2.17: LineTo

```
1 BOOL LineTo(int x, int y);
2 BOOL LineTo(POINT point);
```

2.5.2.2.4 CDC Member Funktion Ellipse()

Die Funktion *Ellipse* ist eine der CDC Funktionen, die es ermöglichen geschlossene Figuren zu zeichnen. Mit der Ellipse-Funktion können Kreise sowie Ellipsen gezeichnet werden. Übergabeparameter für geschlossene Figuren ist immer ein umschließendes Rechteck („bounding box") (siehe Abbildung 2.18).

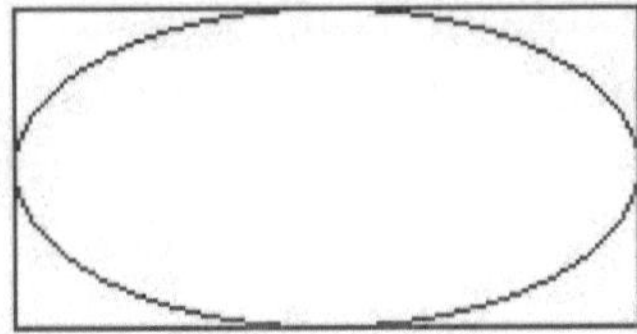

Abbildung 2.18: Umschließendes Rechteck [Msdn]

Der Funktion können entweder kartesische Koordinaten (siehe Listing 2.14, Zeile 8 und Listing 2.18, Zeile 1) für den Startpunkt (links oben) und den Endpunkt (rechts unten), eine Instanz der Windows-Struktur *RECT (LONG left, LONG top, LONG right, LONG bottom)*, oder ein der RECT-Struktur sehr ähnliches CRect-Objekt übergeben werden (siehe Listing 2.18 Zeile 2). Der Kreis aus Listing 2.14 als Beispiel genommen berührt die Linien x = 0 und y = 0, bleibt jedoch um einen Bildpunkt innerhalb der rechten (x = 50) und unteren (y = 50) Grenze. Bei erfolgreicher Ausführung der Funktion ist der Rückgabewert boolsch '1', andernfalls '0'.

Listing 2.18: Ellipse

```
1 BOOL Ellipse(int x1, int y1, int x2, int y2);
2 BOOL Ellipse(LPCRECT lpRect);
```

2.5.2.2.5 CDC Member Funktion Rectangle()

Die Rectangle-Funktion ermöglicht das Zeichnen von Rechtecken. Der Funktion können, wie der zuvor genannten Ellipse-Funktion, entweder jeweils kartesische Koordinaten (siehe Listing 2.14, Zeile 9 und Listing 2.19, Zeile 1) für den Startpunkt (links oben) und den Endpunkt (rechts unten), eine Instanz der Windows-Struktur *RECT (LONG left, LONG top, LONG right, LONG bottom)* , oder ein der RECT-Struktur sehr ähnliches CRect-Objekt übergeben werden (siehe Listing 2.19, Zeile 2). Das Rechteck aus Listing 2.14 als Beispiel genommen berührt die Linien x = 20 und y = 240, sowie die Linien der rechten Grenze bei x = 719 (720 -1) und der unteren Grenze bei y = 919 (920 -1). Bei erfolgreicher Ausführung der Funktion ist der Rückgabewert boolsch '1', andernfalls '0'.

Listing 2.19: Rectangle

```
1 BOOL Rectangle(int x1, int y1, int x2, int y2);
2 BOOL Rectangle(LPCRECT lpRect);
```

2.5.2.2.6 CDC Member Funktion TextOut

Die TextOut-Funktion erlaubt die Darstellung einer Zeile Text an der
spezifizierten Stelle. Der Funktion können zwei Integer-Werte je für die x-
und y-Position, an welcher die Ausgabe starten soll, übergeben werden.
Der dritte Parameter ist entweder vom Typ LPCTSTR, welcher zusätz-
lich die Angabe der Anzahl der auszugebenden Zeichen erfordert, oder die
Adresse einer Konstante vom Typ CString. Listing 2.20 zeigt die beiden
Anwendungsmöglichkeiten.

Listing 2.20: TextOut

```
1 BOOL TextOut(int x, int y, LPCTSTR lpszString, int nCount);
2 BOOL TextOut(int x, int y, const CString& str);
```

2.5.3 Ausgabe der Daten am Bildschirm

Die Darstellung der Daten erfolgt einerseits visuell auf einer Zeichenebene mithilfe der vorher genannten CDC-Member Funktionen und andererseits als Textausgabe in Edit-Control Fenstern die mit Variablen vom
Typ CString verknüpft sind. Die **Zeichenebene** wird in Anwendung 1
(siehe Kapitel 2.6.1) durch einen großen umschliessenden Kreis, gezeichnet mit die Ellipse-Funktion dargestellt (siehe Listing 2.24, Zeile 4). Der
Kreis ist standardmäßig weiß gefüllt und erleichtert dadurch die Sichtbar-
keit der darauf gezeichneten Elemente. In dem Kreis werden strichlierte
Innenkreise gezeichnet, die je einem Abstandswert von etwa 100cm ent-
sprechen. Weiters werden eine x- und eine y-Achse, die erste und zweite
Mediane und schließlich im dritten und vierten Quadranten die Linien der
beiden Medianen mit dem Umkreisstift gezeichnet. Die Verstärkung der
beiden Medianen entspricht exakt den Abgrenzungen des Sichtbereiches
des Laserscanners (270°). Dadurch entsteht eine Zeichenebene wie sie in
Abbildung 2.20 zu sehen ist. Der Ausgangspunkt für die nachfolgenden
Visualisierungen ist der Mittelpunkt des Kreises und liegt hier bei x =
400 und y = 550. In Anwendung 2 (siehe Kapitel 2.6.2) wird die Zeichenebene durch ein umschließendes Rechteck abgegrenzt und der Startpunkt
nachfolgender Zeichnungen auf den Punkt x = 390 und y = 525 gelegt.
Durch die Vervielfachung der darzustellenden Daten werden unter anderem Kreuze in verschiedenen Farben zur Visualisierung verwendet. Listing
2.21 zeigt ein Code-Beispiel für die gezeichneten Ecken oder Corners (siehe Abbildung 2.24).

Listing 2.21: Corners

```
if (active_9 == 1)
{
    for (unsigned int i=0; i<aicc_status.cornercount; i++)
    {
        pDC->MoveTo(385 + (int)(m_scaling*aicc_status.corners[i].x),
            520 + (int)(m_scaling*aicc_status.corners[i].y*(-1)));
        pDC->LineTo(395 + (int)(m_scaling*aicc_status.corners[i].x),
            530 + (int)(m_scaling*aicc_status.corners[i].y*(-1)));
        pDC->MoveTo(395 + (int)(m_scaling*aicc_status.corners[i].x),
            520 + (int)(m_scaling*aicc_status.corners[i].y*(-1)));
        pDC->LineTo(385 + (int)(m_scaling*aicc_status.corners[i].x),
            530 + (int)(m_scaling*aicc_status.corners[i].y*(-1)));
    }
}
```

Abbildung 2.24, S. 41 zeigt alle, mithilfe der in Abschnitt 2.5.2.2 erklärten CDC-Member Funktionen, dargestellten Symbole. Die **Edit-Control Fenster** dienen einerseits zur Ausgabe der einzelnen Abstandswerte inklusive der zugehörigen Winkel und andererseits zur Anzeige von Statusdaten des Autos sowie diversen Positionsangaben. Listing 2.22 zeigt einen Ausschnitt aus dem Code, der die Ausgaben des Statusfensters für Applikation 2 (siehe Kapitel 2.6.2) steuert.

Listing 2.22: EditControl

```
m_information = "";
m_information += "observation time:   ";
m_information.AppendFormat("%i", aicc_status.hours);
m_information += " : ";
m_information.AppendFormat("%i", aicc_status.minutes);
m_information += " : ";
m_information.AppendFormat("%i", aicc_status.seconds);
m_information += "\r\n";
m_information += "distance (cm):   ";
m_information.AppendFormat("%1.2f", aicc_status.distance_encoder);
m_information += "\r\n";
m_information += "distance start to goal (cm):   ";
m_information.AppendFormat("%1.2f", aicc_status.distance);
m_information += "\r\n";
m_information += "distance steppoint to goal (cm):   ";
m_information.AppendFormat("%1.2f", aicc_status.j_nodes[0].distance_to_target)
    ;
m_information += "\r\n";
m_information += "number of landmarks:   ";
m_information.AppendFormat("%i", aicc_status.landmarks);
...
...
...
UpdateData(0);
```

Abbildung 2.19, S. 36 zeigt die Vielfalt der dargestellten Informationen.

2.6 Die MFC-Anwendungen

Im Laufe des Projektjahres entstanden 2 MFC-Anwendungen. Anfangs wurde der Sick-Sensor nur im Modus für die kontinuierliche Ausgabe der Daten betrieben. Das dafür geschriebene MFC-Programm (siehe Kapitel 2.6.1) ermöglicht eine Visualisierung der Daten, wobei auch schnelle Änderungen im Scanbereich in Echtzeit am Bildschirm sichtbar sind. Aufgrund

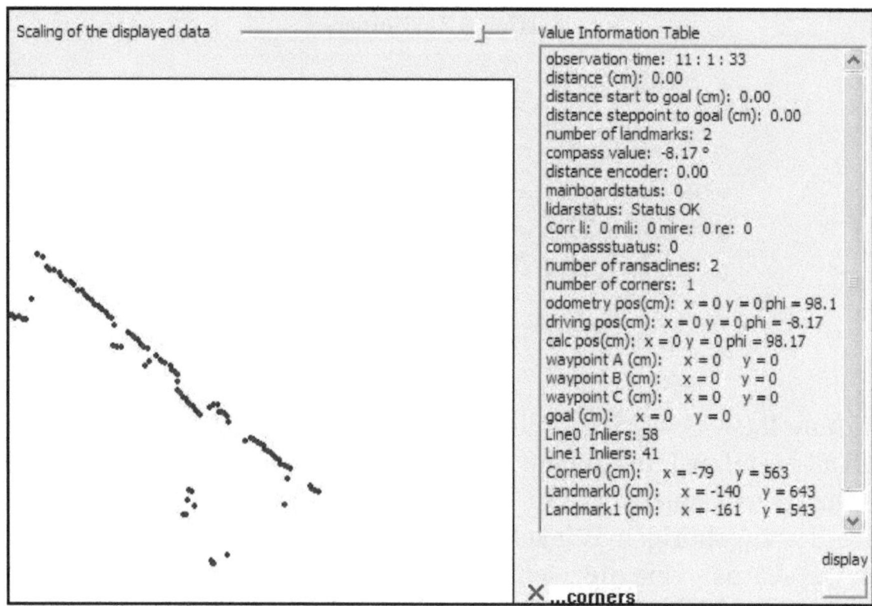

Abbildung 2.19: Edit-Control Ausgabefenster

des relativ hohen Rechenaufwandes dieser Applikation und der Tatsache
dass eine Aktualisierung der Umgebungsinformationen alle 300ms ausreicht, wurde auf die Anforderung der Daten im Request-Modus (siehe
Kapitel 2.3.2) umgestellt. Während die erste Applikation das Auslesen
der Daten, diverse Berechnungen und die Darstellung übernimmt, arbeitet die zweite Anwendung mit fertig aufbereiteten Informationen. Die Visualisierung der Umgebungsinformation ist hier nur eine von vielen Darstellungsmöglichkeiten (siehe Kapitel 2.6.2).

2.6.1 Anwendung für die kontinuierliche Datenausgabe

Die Programmoberfläche ist in Abbildung 2.20 dargestellt. Die Steuerung
erfolgt über 4 Buttons und einer Check-Box. Vor der Berechnung der
kartesischen Koordinaten wird der maximale Abstandswert auf 700cm
beschränkt (siehe Listing 2.2, Zeile 8 und 9) um die Darstellungsoberfläche nicht zu überschreiten. Die drei Edit-Control Ausgabefenster dienen
zur Ausgabe der Abstandswerte mit dem zugehörigen Winkel (siehe Abbildung 2.21, rechts) und zur Darstellung von Informationen über den
Programmstatus (siehe Abbildung 2.21, oben Mitte). Die Funktionsweise
der 4 Buttons ist in Listing 2.23 dargestellt.

Listing 2.23: Button

```
1  void  Caicc_umfeldView::OnBnClickedSTART()
2  {
3          _beginthread(LidarThread,  0,  NULL);
4  }
5
6  void  Caicc_umfeldView::OnBnClickedPlot()
7  {
```

```
 8          m_plot = 2;
 9          Invalidate();
10 }
11
12 void Caicc_umfeldView::OnBnClickedPlot_2()
13 {
14          m_plot = 1;
15          Invalidate();
16 }
17
18 void Caicc_umfeldView::OnBnClickedExit()
19 {
20          exit_com = 0;
21          Sleep(10);
22          exit(1);
23 }
```

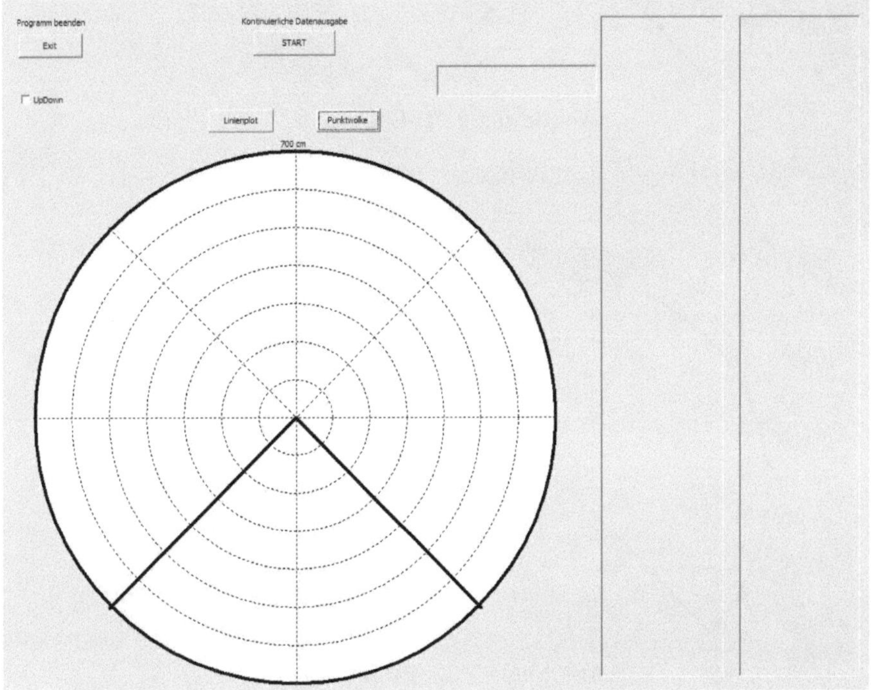

Abbildung 2.20: Anwendung für die kontinuierliche Datenausgabe

Das Anklicken das **START**-Buttons startet einen Thread, der das Aus-
lesen der Daten und die Steuerung des Programmes übernimmt. Der
Linienplot-Button aktiviert die Darstellung der Datenpunkte mit den
MoveTo- und LineTo-Methoden und zeichnet somit ein abgeschlossenes
Abbild des gescannten Umfeldes (siehe Abbildung 2.21). Listing 2.24 Zeile
42 bis 52 zeigt die entsprechende Abfrage und den Code zur Darstellung.
Eine Darstellung als Punktwolke wird mit dem **Punktwolke**-Button ak-
tiviert. Die kartesisch gerechneten Datenpunkte werden hier durch die
Ellipse-Methode dargestellt (siehe Abbildung 2.22). Listing 2.24 Zeile 33
bis 41 bewirkt die Darstellung als Punktwolke. Durch Betätigung des
Exit-Buttons verlässt der Thread die Endlosschleife, wodurch die COM
geschlossen, der Thread beendet und das Programm geschlossen wird.
Die **Check-Box** ist mit einer boolschen Variable (updown) verknüpft.
Diese wird in der *OnCalculate*-Funktion, die im Thread durch Senden

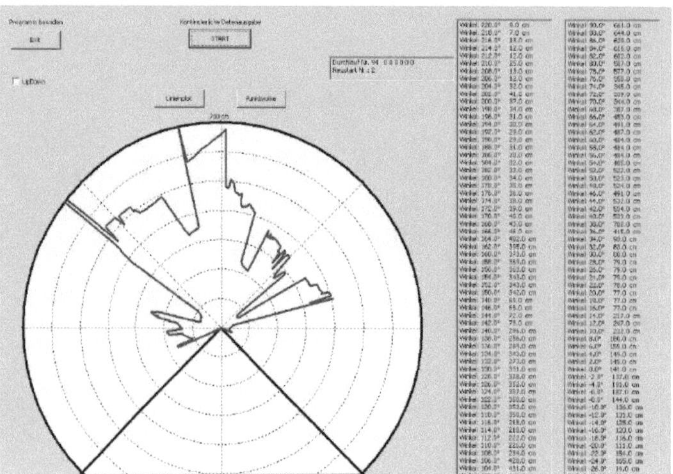

Abbildung 2.21: Linienplot

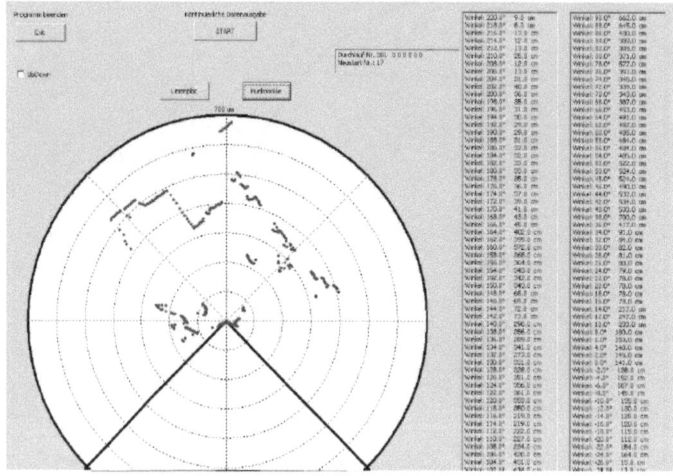

Abbildung 2.22: Punktwolke

der benutzerdefinierten Meldung PostMessage(hwnd, wm_calculate, 0, 0); aufgerufen
wird, nachdem ein Datensatz erfolgreich eingelesen wurde, aktualisiert.
Die Variable steuert die Zuordnung der entsprechenden Winkel zu den
einzelnen Abstandswerten, bevor die Umrechnung in kartesische Koordinaten erfolgt. In Listing 2.2 wird in den Zeilen 1 und 2 die entsprechende
Initialisierung gesteuert. In den Zeilen 15 und 16 wird unterschieden, ob
der Winkel nach jedem Schleifendurchlauf entweder um einen halben Grad
dekrementiert oder inkrementiert wird. Die in Abbildung 2.20 sichtbare
Darstellungsoberfläche wird in der OnDraw-Funktion durch unter Verwendung der Ellipse-, MoveTo- und LineTo- Funktionen erzeugt (siehe
Listing 2.24, Zeilen 1 bis 32).

Listing 2.24: OnDraw-App1

```
1 CPen m_pen_broad(PS_SOLID,4,RGB(1,1,1));
2 pDC->SelectObject(m_pen_broad);
3 //Zeichnen des Umkreises
```

```
 4  pDC->Ellipse(50,200,750,900);
 5  //Zeichnen der Innenkreise und der Nebenachsen
 6  CPen m_pen_thin(PS_DOT,1,RGB(1,1,1));
 7  pDC->SelectObject(m_pen_thin);
 8  pDC->Ellipse(100,250,700,850);
 9  pDC->Ellipse(150,300,650,800);
10  pDC->Ellipse(200,350,600,750);
11  pDC->Ellipse(250,400,550,700);
12  pDC->Ellipse(300,450,500,650);
13  pDC->Ellipse(350,500,450,600);
14  //2. Mediane
15  pDC->MoveTo(150, 300);
16  pDC->LineTo(650, 800);
17  //1. Mediane
18  pDC->MoveTo(150, 800);
19  pDC->LineTo(650, 300);
20  //x-Achse
21  pDC->MoveTo(50, 550);
22  pDC->LineTo(750, 550);
23  //y-Achse
24  pDC->MoveTo(400, 200);
25  pDC->LineTo(400, 900);
26  //Zeichnen der Abgrenzung von -45 bis 225 Grad
27  CPen m_pen_broad_2(PS_DOT,4,RGB(1,1,1));
28  pDC->SelectObject(m_pen_broad_2);
29  pDC->MoveTo(400, 550);
30  pDC->LineTo(650, 800);
31  pDC->MoveTo(400, 550);
32  pDC->LineTo(150, 800);
33  if (m_plot == 1 && active == 1)
34  {
35          CPen m_line_colour(PS_SOLID,3,RGB(0,0,255));
36          pDC->SelectObject(m_line_colour);
37          for(int k=0; k<541; k++)
38          {
39                  pDC->Ellipse(400+(0.5*m_xWert_yWert[k][0]),550+(0.5*
                        m_xWert_yWert[k][1]),403+(0.5*m_xWert_yWert[k][0])
                        ,553+(0.5*m_xWert_yWert[k][1]));
40          }
41  }
42  if (m_plot == 2 && active == 1)
43  {
44          CPen m_line_colour(PS_SOLID,3,RGB(0,0,255));
45          pDC->SelectObject(m_line_colour);
46          pDC->MoveTo(400, 550);
47          for(int c=0; c<541; c++)
48          {
49                  pDC->LineTo(400+(int)(0.5*m_xWert_yWert[c][0]),550+(int)(0.5*
                        m_xWert_yWert[c][1]));
50          }
51          m_plot = 0;
52  }
```

2.6.2 Die AICC-Status Anwendung

Die Programmoberfläche für die AICC-Status Anwendung ist in Abbildung 2.23 dargestellt. Diese Anwendung arbeitet mit fertig aufbereiteten Daten, die Datensatz für Datensatz aus einem binären Logfile (siehe Kapitel 2.4.3) durch Betätigung des **Step**-Buttons ausgelesen und angezeigt werden können. Der **Auto**-Button greift ebenfalls auf das binäre Logfile zu und springt alle 300ms automatisch von Datensatz zu Datensatz und aktualisiert die Anzeige nach jedem Schritt. Der **UDP**-Button steuert die Abarbeitung eines Threads, der in einer Endlosschleife User Datagram Protocol (UDP)-Pakete, gesendet von der Programmumgebung des Autos, empfängt. Nach erfolgreichem Empfang eines Paketes, wird eine benutzerdefinierte Meldung gesandt, welche die Anzeige aktualisiert.

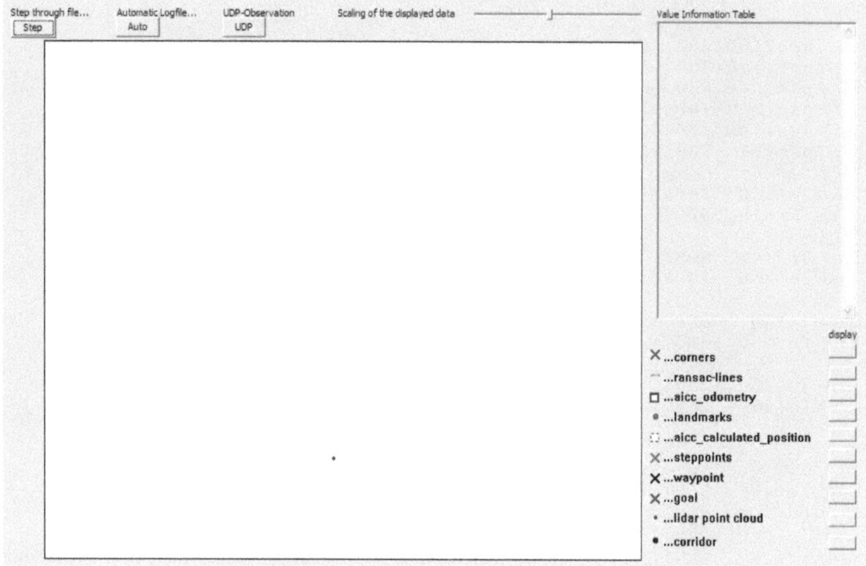

Abbildung 2.23: Oberfläche der AICC-Status Anwendung

Listing 2.25: OnBnClickedUdp

```
void CAICC_STATUSView::OnBnClickedUdp()
{
        udp_act=!udp_act;
        if (udp_act == 1)
        {
                _beginthread(UDPThread, 0, NULL);
        }
}
```

Die boolsche Variable udp_act in Listing 2.25 wird nach Betätigung des
Buttons invertiert. Initialisiert ist die Variable mit '0', wodurch bei erst-
maligem Drücken des Buttons der oben genannte Thread gestartet wird.
Dieser initialisiert die Kommunikation via UDP und empfängt dann in
einer Endlosschleife, gesteuert durch die boolsche Variable udp_act, die
Datenpakete, die vom Auto alle 100ms ausgesandt werden. Wird der But-
ton abermals betätigt, verlässt der Thread die Endlosschleife, beendet die
Kommunikation via UDP und der Thread wird beendet. Zu näheren In-
formationen über das verbindungslose Netzwerkprotokoll UDP wird auf
[Com] verwiesen.

Das Programm bietet eine Vielzahl von **Anzeigemöglichkeiten**. Die
Aktivierung und Deaktivierung der verschiedenen Datenvisualisierungen
kann durch wiederholtes Drücken der Buttons (siehe Abbildung 2.24) aktiviert bzw. deaktiviert werden. Die einzelnen Buttons sind je mit einer
boolschen Variable verknüpft, die nach jeder Betätigung invertiert wird
(siehe Listing 2.26).

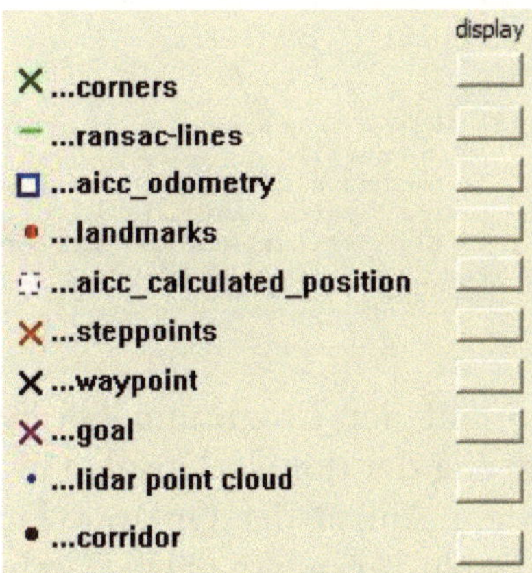

Abbildung 2.24: Buttons zur Steuerung der Ansicht

Listing 2.26: OnBnClickedActivate

```
1  void CAICC_STATUSView::OnBnClickedActivate1()
2  {
3          active_1 =! active_1;
4          Invalidate();
5  }
6
7  void CAICC_STATUSView::OnBnClickedActivate2()
8  {
9          active_2 =! active_2;
10         Invalidate();
11 }
12
13 ...
```

Die Variablen steuern die Anzeige der Daten. In Listing 2.27 ist ein Teil
der OnDraw-Funktion der AICC-Status Anwendung zu sehen. In den Zeilen 6 und 17 findet die Abfrage für die beiden als Beispiel genommenen
Variablen aus Listing 2.26 statt. Vor den Abfragen werden die in Abbildung 2.24 sichtbaren verwendeten Symbole dargestellt und eine zusätzli-
che Beschriftung der Buttons vorgenommen.

Listing 2.27: OnDrawAiccStatus

```
1  // paint the car
2          pDC->SelectObject(m_pen_blue);
3          // explanation
4          pDC->Rectangle(760,450,770,460);
5          pDC->TextOut(775,445,"...aicc_odometry",16);
6          if (active_1 == 1)
7          {
8                  pDC->SelectObject(m_pen_blue);
9                  pDC->Rectangle(386 + (int)(m_scaling*aicc_status.odometry.x),
                          521 + (int)(m_scaling*aicc_status.odometry.y*(-1)), 396 +
                          (int)(m_scaling*aicc_status.odometry.x), 531 + (int)(
                          m_scaling*aicc_status.odometry.y*(-1)));
10         }
11
12 // paint the landmarks
13         pDC->SelectObject(m_pen_red);
14         // explanation
15         pDC->Ellipse(764,474,768,478);
16         pDC->TextOut(775,468,"...landmarks",12);
17         if (active_2 == 1)
18         {
```

```
19          pDC->SelectObject(m_pen_red);
20          for (unsigned int k=0; k<aicc_status.landmarks; k++)
21          {
22              pDC->Ellipse(388 + (int)(m_scaling*aicc_status.
                    landmark[k].x), 523 + (int)(m_scaling*aicc_status
                    .landmark[k].y*(-1)), 392 + (int)(m_scaling*
                    aicc_status.landmark[k].x), 527 + (int)(m_scaling
                    *aicc_status.landmark[k].y*(-1)));
23          }
24      }
```

Der **Slider** oben rechts auf der Programmoberfläche (siehe Abbildung 2.23) dient der Veränderung der double-Variable m_scaling. Die Position des Sliders wird bei jedem Aufruf der OnDraw-Funktion abgefragt und damit der Wert der Variable verändert (siehe Listing 2.28).

Listing 2.28: DataScaling

```
1  void CAICC_STATUSView::OnDraw(CDC* pDC)
2  {
3      CSliderCtrl* m_data_scaling = (CSliderCtrl*) GetDlgItem(IDC_SLIDER1);
4      m_scale = m_data_scaling->GetPos();
5      m_scaling = (double)m_scale/10;
```

Der Slider hat einen Zahlenbereich von 1 bis 10. Dieser Wert wird durch 10 dividiert, ein Typecast auf double druchgeführt und auf die m_scaling-Variable zugewiesen. Durch die Variable kann eine Skalierung der darzustellenden Daten vorgenommen werden, um den Sichtbereich entweder zu vergrößern oder zu verkleinern (siehe Listing 2.27, Zeile 9 und 22). Dadurch ist es möglich den gesamten Scanbereich des Sensors zu visualisieren oder die Darstellung von Datensätzen aus kleineren Räumen zu vergrößern. In Abbildung 2.25 ist als Beispiel die Darstellung ein und desselben Datensatzes mit unterschiedlichen Skalierungen ersichtlich. Die blaue Punktwolke wird mithilfe kleiner Kreise, gezeichnet mit der

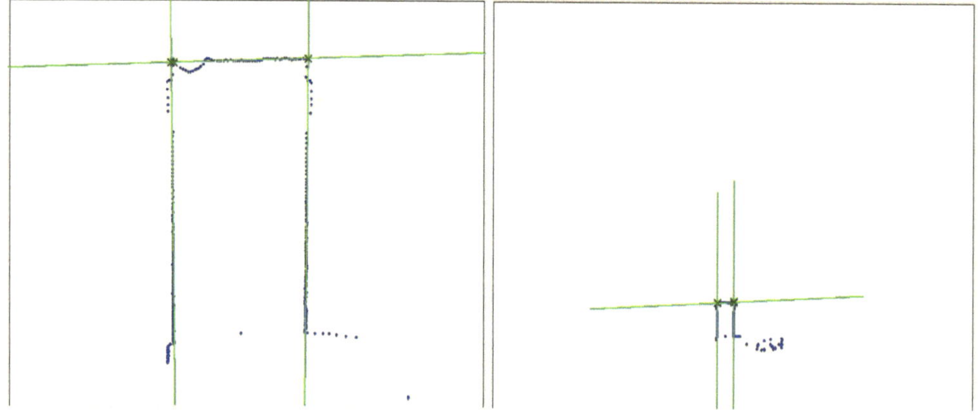

Abbildung 2.25: Skalierung

Ellipse-Funktion, dargestellt. Jeder Punkt entspricht einem kartesisch gerechneten Datenpunkt des Sensors. Die hellgrünen Linien (siehe Abbildung 2.25) werden mithilfe des Random Sample Consensus (RANSAC)-Algorithmus ermittelt. Der Algorithmus dient zur Detektion von Ausreißern und Fehlern innerhalb einer Messreihe und wird besonders im Bereich des maschinellen Sehens gern verwendet. Für nähere Informationen wird auf [Hart] verwiesen. Die Ransac-Linien werden geschnitten um etwaige Ecken im Scanbereich zu detektieren. Die Schnittpunkte werden in der Darstellungsebene als dunkelgrüne Kreuze dargestellt. Aus den Ecken werden Landmarken gewonnen, die dem Auto als Orientierunghilfe dienen sollen. Die Landmarken werden in der Darstellungsebene, wie in Abbildung 2.26 links, als rote Punkte gekennzeichnet. Im rechten Teil der

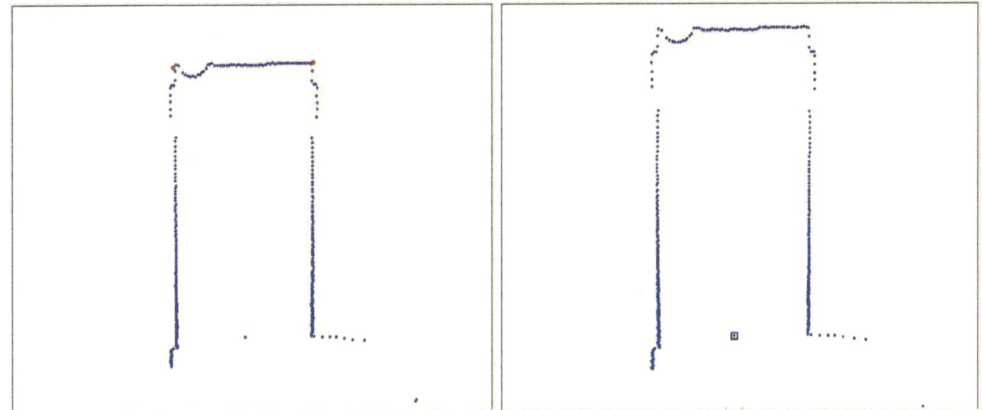

Abbildung 2.26: Landmarken und Position des Autos

Abbildung 2.26 ist die aktuelle Position des Autos als ein kleines blaues Rechteck, welches mit der Rectangle-Funktion gezeichnet wird sichtbar . Abbildung 2.27 zeigt ein Foto eines gescannten Ganges mit der dazugehö-

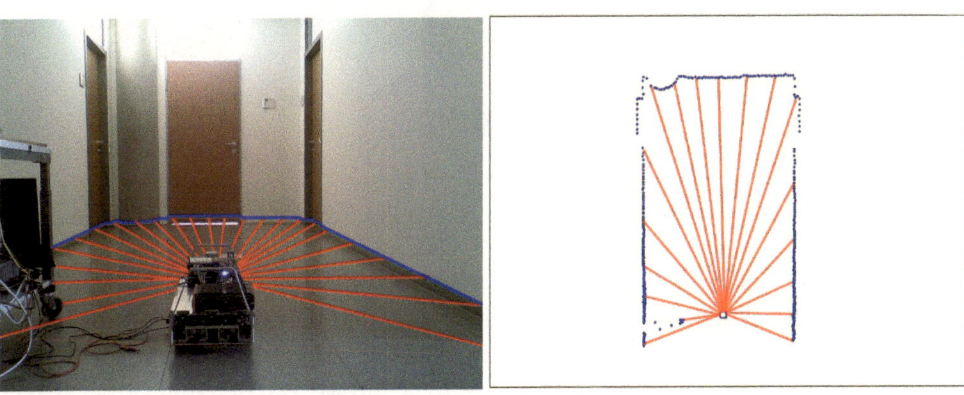

Abbildung 2.27: Gegenüberstellung Foto/Visualisierung

renden visualisierten Darstellung auf der Programmoberfläche. Die roten Linien sollen die Laserstrahlen darstellen und sind nachträglich gezeichnet worden, um die Funktionsweise des Scanners zu veranschaulichen.

Neben den bereits erwähnten Darstellungsmöglichkeiten stehen unter anderem auch das aktuell anzufahrende **Ziel** des Autos (mit einem violetten Kreuz gekennzeichnet) oder aber auch die **Wegpunkte**(schwarze Kreuze), welche dem Auto auf dem Weg zum Ziel angegeben werden können, zur Verfügung. Durch einen schwenkbaren dynamischen **Korridor** kann das Auto feststellen, ob und inwieweit die aktuelle Umgebung befahrbar ist. Der Korridor wird durch ein dunkelbraunes offenes Rechteck gekenn-

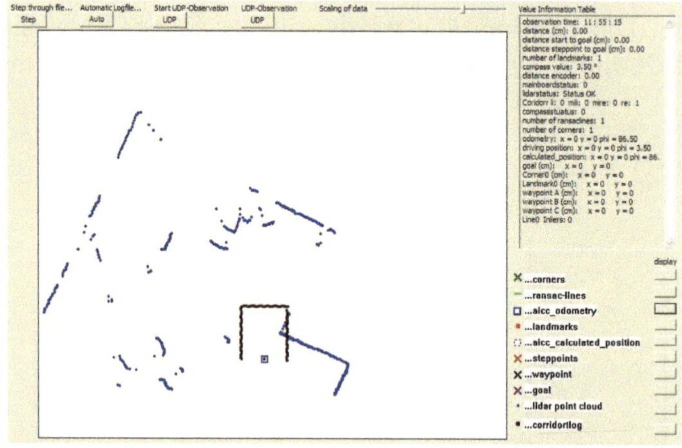

Abbildung 2.28: Laserscan mit Abbildung der Korridor-Funktion

zeichnet und durch eine Punktwolke visualisiert (siehe Abbildung 2.28). Die Funktion ist unter anderem zur Wegfindung entwickelt worden. Der Korridor ist in die Sektionen rechts, mitte-rechts, links und mitte-links unterteilt (siehe Abbildung 2.29). Das durch eine EditControl (siehe Ab-

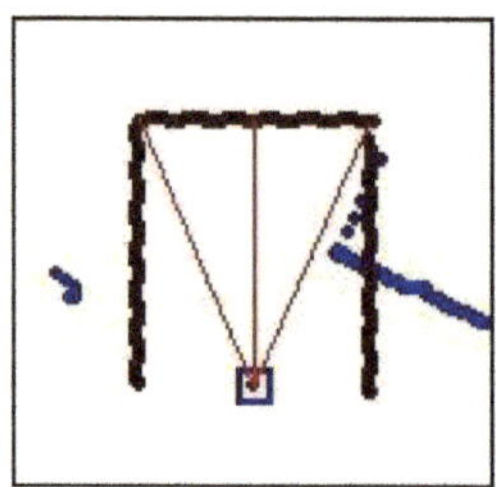

Abbildung 2.29: Unterteilung Korridor

schnitt 2.5.1.2.3) realisierte Ausgabefenster (siehe Abbildung 2.28 rechts) ermöglicht die Anzeige einer Vielzahl von aktuellen Statusdaten des Autos. Die Funktionsweise wird in Kapitel 2.5.3 erklärt. Unter anderem ist in Abbildung 2.28 im Ausgabefenster in Zeile 10 die Anzeige des Status der Korridor-Sektionen ersichtlich. Befindet sich ein Hindernis in einer Sektion, wird dies mit einer '1' signalisiert, andernfalls ist der Wert '0'. Das Programm bietet eine Vielzahl von Visualisierungs- und Ausgabemöglichkeiten und Programmerweiterungen sind jederzeit möglich.

3 Ergebnisse und Zusammenfassung

Ziel des Bachelorprojektes AICC war die Umsetzung autonomen Fahrens indoor.

Die Aufgabenstellung bestand darin, ein Fahrzeug zu konstruieren, welches in der Lage ist, eine Wegstrecke ohne äußeren Eingriff zurückzulegen und etwaigen Hindernissen auszuweichen. Einen Großteil der Umfelderkennung übernimmt dabei ein S300 Laserscanner der Firma Sick. Die Aufgabe der Visualisierung der abstrakten Daten des Sensors ist Inhalt dieser Bachelorarbeit.

Im Laufe des Projektjahres vervielfachten sich die Anforderungen an die dafür entwickelten MFC-Programmumgebungen. Ein Abbild der gescannten Umgebung des Autos zu bekommen war nur mehr ein Teil der Aufgabe. Vielmehr erfüllte die endgültige AICC-Status Anwendung verschiedenste Zwecke, wie die Unterstützung der Entwicklung zur Projektzielrealisierung notwendiger Algorithmen. In der Entwicklungs- und Testphase konnten die Auswirkungen von Programmänderungen sofort sichtbar gemacht werden. Während den autonomen Testfahrten des Autos konnte sich jeder mit Wireless Local Area Network (WLAN) ausgestattete Laptop mit dem WLAN-Netz des Autos verbinden, die MFC-Applikation ausführen und alle aktuellen Daten des Autos über UDP-Pakete empfangen. Im Autonom-Fahr-Modus geschieht keinerlei Eingriff von Außen. Durch die MFC-Applikation wird eine Beobachtung der am Auto ablaufenden Software in diesem Modus ermöglicht.

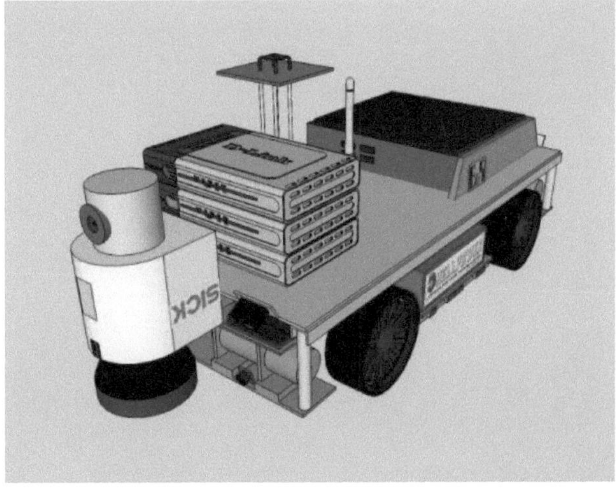

Abbildung 3.1: Konzept-Auto AICC

Die Interpretation der visualisierten Daten unterstützte und wird auch in Zukunft in etwaigen Nachfolgeprojekten die Weiterentwicklung der Software am Konzept-Auto AICC (siehe Abbildung 3.1) unterstützen.
Neben den bereits umgesetzten Funktionalitäten des Autos birgt das Projekt AICC noch enormes Potential für zukünftige Entwicklungen.

Literaturverzeichnis

[Pros]   Jeff Prosise,
            Programming Windows with MFC Second Edition
            4, 16, 26, 27, 28, 30

[Buds]   Frank Budszuhn,
            Visual C++ Windows-Programmierung mit den MFC
            4, 21, 26, 29, 30, 31, 32

[Schum]   Harald Schumny, Rainer Ohl,
            Handbuch digitaler Schnittstellen, vieweg-Verlag, 1994
            4, 12, 13

[Shep]   George Shepherd, David Kruglinski,
            Inside Visual C++ .NET, Microsoft Press Deutschland,
            6. Auflage
            27, 28, 29

[Hart]   Richard Hartley, Andrew Zisserman,
            Multiple View Geometry in computer vision
            43

[Tele]   Sick, *Telegram Listing Standard*
            S300 Professional
            4, 13, 15

[Betr]   Sick, *Betriebsanleitung*
            S300 Sicherheits-Laserscanner
            4, 7, 10, 11, 13, 15

[Bed]   Benjamin B. Bederson, Ben Shneiderman,
            The Craft of Information Visualization
            Readings and Reflections
            9

[Com]   Douglas E. Comer,
            Computernetzwerke und Internets
            13, 40

[Ma]   Christian Madritsch,
            Developing Windows Applications using MFC
            Multithreading, Synchronization, IPC
            Vorlesungsunterlagen an der Fachhochschule Kärnten
            21, 27

[Bro]   Ilja N. Bronstein, Konstantin A. Semendjajew,
               Gerhard Musiol, Heiner Mühlig,
               Taschenbuch der Mathematik
               Verlag Harri Deutsch, 5. Auflage
               17, 18

[Msdn]   http://msdn.microsoft.com
               4, 20, 27, 33

[php]   http://de.php.net
               20